室内设计师
岗位技能

室内设计工程
制图与识图

SHINEI SHEJI GONGCHENG
ZHITU YU SHITU

杨文波　朱 婧　主编

化学工业出版社

·北京·

内容简介

本书通过三个篇章，将室内设计工程制图的基本方法和规范进行了详细讲述。其中第一部分基础篇，主要为室内工程制图理论基础，讲述绘制与阅读工程图样的基本原理，专业制图有关的基本规定与要求，是阅读与绘制专业工程图样的基础；第二部分进阶篇，以项目实例入手，分别讲述室内工程制图分项图纸的内容、要求与表现方法；第三部分实战篇，以多个完整的项目案例，详细地讲述工程制图的制图内容及流程。

本书适合于高校艺术设计、室内设计、环境艺术设计等相关专业师生教学使用，也有助于从事室内设计的年轻设计师快速掌握室内工程制图的绘制技巧，同时也是施工技术人员快速提升读图、识图能力的一本行业参考书。

图书在版编目（CIP）数据

室内设计工程制图与识图/杨文波，朱婧主编．—北京：
化学工业出版社，2020.10 （2022.6重印）
（室内设计师岗位技能）
ISBN 978-7-122-37423-3

Ⅰ.①室… Ⅱ.①杨…②朱… Ⅲ.①室内装饰设计-建
筑制图-识别 Ⅳ.①TU238

中国版本图书馆CIP数据核字（2020）第133238号

责任编辑：李彦玲　　　　　　　　　　　　文字编辑：林 丹 沙 静
责任校对：赵懿桐　　　　　　　　　　　　装帧设计：王晓宇

出版发行：化学工业出版社（北京市东城区青年湖南街13号　邮政编码100011）
印　　装：三河市延风印装有限公司
787mm×1092mm　1/16　印张11¾　字数273千字　2022年6月北京第1版第3次印刷

购书咨询：010-64518888　　　　　　　　售后服务：010-64518899
网　　址：http://www.cip.com.cn
凡购买本书，如有缺损质量问题，本社销售中心负责调换。

定　　价：39.80元

前言
PREFACE

室内设计是建筑设计的重要组成部分，不断拓展的室内设计专业催生着本领域最基础的研究课题——室内工程制图的同步发展。继2005年参与编写的第一版《室内设计制图》出版后，编者从实际工程项目出发，对室内空间深化设计和空间设计表达方面进行了详细的梳理，进一步扩充调整了书中的部分内容。本书的编写不仅是对制图内容的扩充，亦希望为室内设计制图规范与流程提供可参考的范例。因此，此书不同于普通制图原理书，而是一本关于室内工程制图规程的专业书籍。

本书采用多套项目案例，遵循《房屋建筑统一制图标准》（GB/T 50001—2017）、《房屋建筑室内装饰装修制图标准》（JGJ/T 244—2011）、《总图制图标准》（GB/T 50103—2010）等国家制图标准，以装饰设计公司多年使用的制图管理规范为蓝本，以辽宁经济职业技术学院工艺美术学院建筑室内设计专业工作室教学体系为基础，通过实际项目的详细分解，让读者能够非常清晰地了解装饰公司施工图纸的准确绘制步骤与方法，具有很好的实用性和实践性。

本书由辽宁经济职业技术学院杨文波、朱婧任主编，沈阳城市建设学院吕从娜、辽宁地质工程职业学院王雪、成都基准方中建筑设计有限公司沈阳分公司冯冶参编。编写分工如下：基础篇吕从娜编写，进阶篇朱婧编写，实战篇杨文波编写，资源库部分由王雪整理，案例部分冯冶整理。感谢成都基准方中建筑设计有限公司沈阳分公司和沈阳博美园林绿化工程有限公司的同仁，在长期设计实践与探索中，不断完善并整理了此书内容，同时感谢化学工业出版社对本书编写过程中给予的帮助。希望本书能对室内设计制图的进一步发展有所帮助，并对本学科的基础性专项课题研究打下基础。由于自身能力和时间有限，书中难免会有一些不妥和疏漏之处，希望得到业内专家和同行的不吝指正，在此表示感谢！

编　者
2020年5月

目录

CONTENTS

基础篇 Chapter 01

**室内设计工程制图
与识图的基本知识**

/001

进阶篇 Chapter 02

**室内设计工程制图
与识图项目实训**

/037

03 Chapter

实战篇

**室内工程图综合
实例实训**

103

基础篇

01 Chapter

室内设计工程制图
与识图的基本知识

本篇要点：

在室内工程制图绘图知识的基础上，结合装饰装修制图
国家标准，掌握室内工程制图的流程。

室内设计工程制图与识图属于工程制图范畴，它是室内设计师通过规范的图示语言，介绍其创造性的思维活动和设计意图，把一个或多个预想的室内空间设计完整和具体地展示出来。它是研究室内装饰工程图、房屋建筑工程图及家具设计图绘制原理及方法的一门专业技术基础课程，也是室内设计师必备的岗位技能。

室内设计是根据建筑物内部空间的使用性质，运用技术与美学原理手段，创造出功能合理，舒适美观，利于生活、工作和学习的室内环境，以满足人们物质生活和精神生活的需要。而室内设计工程制图（室内装饰工程图、家具设计图）正是表达这种设计意图和指导工程施工的图样（图1-0-1）。

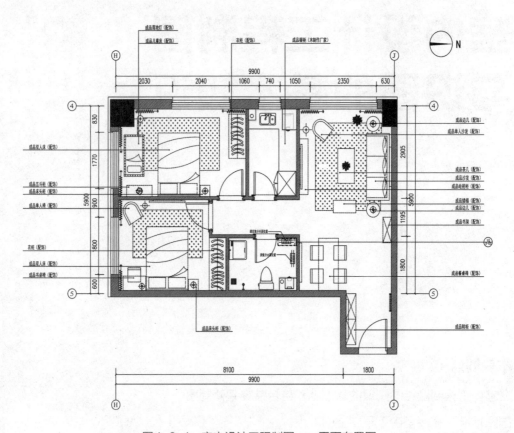

图1-0-1　室内设计工程制图——平面布置图

随着时代的发展，科学技术的突飞猛进，工程制图的理论与技术也得到进一步提高。制图工具在不断革新，尤其是电子技术迅速发展的今天，计算机辅助设计已被广泛应用。它是设计人员根据工程制图的表达方法和设计方案，利用计算机绘成图样，由显示器把图形显示出来，看到比较直观的效果。通过计算机，可以绘制各种平面和曲面图形，如房屋的平面图、立面图、剖面图和结构详图，为工程设计的表现与应用带来极大的便利。但是，不管制图技术如何发展，都必须以制图的基本理论为基础。因此，学好工程制图的基本知识是非常重要的，也是必须的。

一、室内设计工程制图的绘制基础

1.室内设计工程制图的作用

室内设计工程制图是项目设计的一个阶段，在初步设计阶段之后。这一阶段主要通过图纸把设计者的意图和全部设计结果表达出来，并作为工程施工的依据，它是设计和施工工作的桥梁。

2.室内设计工程制图的组成

室内设计工程制图可以分为平面图、立面图、剖面图及节点详图。一套完整的室内工程图包括原始平面图、墙体拆改图、平面布置图、天花图、地面铺装图、电气图、给排水图等。

（1）室内设计工程制图的平面图部分　一套工程图中平面图涵盖的信息量是最多、最丰富的，平面图中包括了一个项目最重要的一部分信息。平面图所包括的图纸有如下10个种类。

① 原始平面图（原始户型图）。在设计之初，设计师经过实地测量之后，需要将测量结果在图纸上表示出来，包括房型结构、空间关系、尺寸等，这是进行室内设计绘制的第一张图，即原始平面图。其他工程图都是在原始平面图的基础上进行绘制的。

原始平面图中的信息主要包括：建筑的细节部分；建筑层高及楼梯尺寸；门、窗及洞口相关数据；上下水及管井位置；承重墙及梁柱相关数据（图1-0-2）。

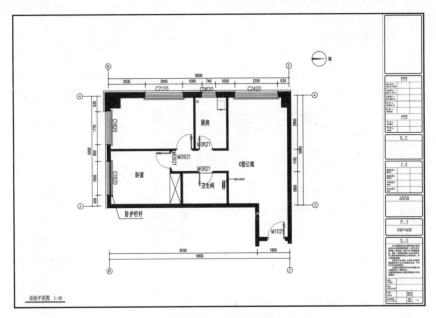

图1-0-2　原始平面图

② 墙体拆改图。墙体拆改图是现场拆除及砌筑二次结构的尺寸依据。

墙体拆改图中的信息主要包括：各空间墙体详细尺寸；建筑内固定造型的平面尺寸（图1-0-3）。

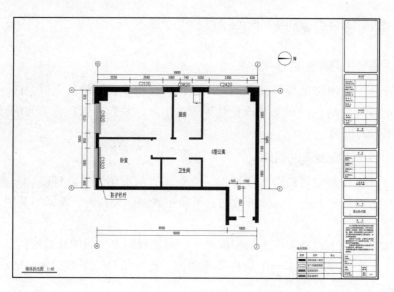

图1-0-3 墙体拆改图

③ 平面布置图。平面布置图是室内工程图纸中的关键图纸。它是在原建筑结构的基础上，根据业主的要求和设计师的设计意图，对室内空间进行详细的功能划分和室内设施定位。

平面布置图中的信息主要包括：空间布局；各空间面积；家具布置；墙体信息（图1-0-4）。

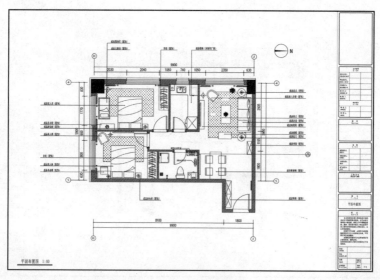

图1-0-4 平面布置图

④ 地面铺装图。地面铺装图是用来表示地面结构做法的图样，包括地面用材和形式。其形成方法与平面布置图相同，所不同的是地面铺装图不需绘制室内家具，只需绘制地面所使用的材料和固定于地面的设备与设施图形。

地面铺装图中的信息主要包括：各空间地面材料名称及尺寸；各种材料的铺装方式及起铺点；各空间的地面标高及坡度；有水空间要标示出防水分割线（图1-0-5）。

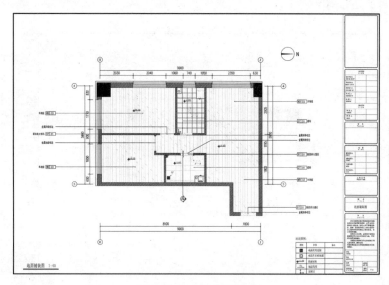

图1-0-5　地面铺装图

⑤ 天花布置图。天花布置图主要用来表示天花的造型和灯具的布置，同时反映了室内空间组合的标高关系和尺寸等。其内容主要包括各种装饰图形、灯具的说明文字、尺寸和标高。有时为了更详细地表示某处的构造和做法，还需要绘制该处的剖面详图。与平面布置图一样，天花布置图也是室内装饰设计图中不可缺少的图样。

天花布置图中的信息主要包括：各空间天花材料名称及标高；灯具与天花造型的关系；天花中所有设备的相关信息（图1-0-6）。

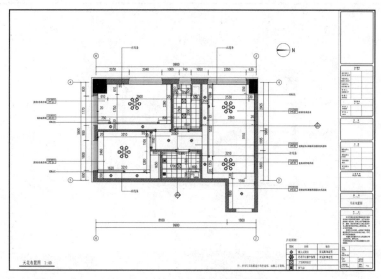

图1-0-6　天花布置图

⑥ 天花尺寸图。天花尺寸图是设计方案中天花造型的施工尺寸依据。

天花尺寸图中的主要信息包括：各空间天花的详细尺寸；天花造型与建筑墙体和柱的关系（图1-0-7）。

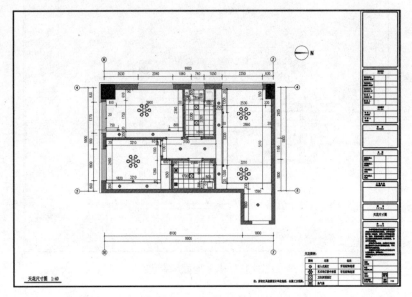

图1-0-7　天花尺寸图

⑦ 天花灯具点位图。它是表达天花中灯具之间的关系，以及各种灯具型号及类型的说明。

天花灯具点位图中的主要信息包括：各灯具定位的详细尺寸；灯具的型号及类型（图1-0-8）。

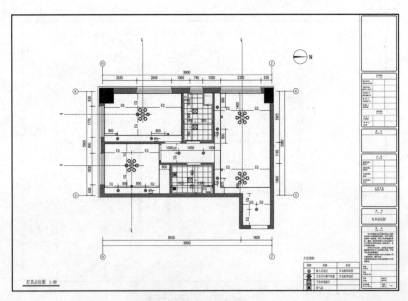

图1-0-8　天花灯具点位图

⑧ 天花灯具连线图。天花灯具连线图表达了各灯具的控制关系，作为指导电气专业出图的依据，从而使得整体灯光设计更合理化。

天花灯具连线图中的主要信息包括：各灯具的控制关系；标示灯具的型号与类型（图1-0-9）。

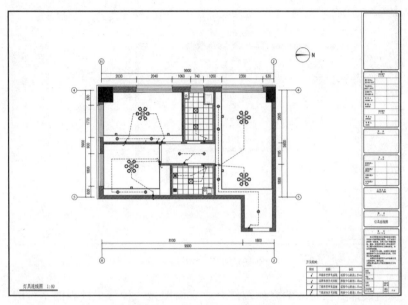

图1-0-9　天花灯具连线图

⑨ 电气图或强弱电点位图。电气图主要用来反映室内的配电情况，包括配电箱规格、型号、配置以及照明、插座、开关等线路的敷设方式和安装说明等。同样也是指导电气工程师出专业图纸的依据。

电气图中的主要信息包括：插座的种类；各种电气开关面板的类型及位置（图1-0-10）。

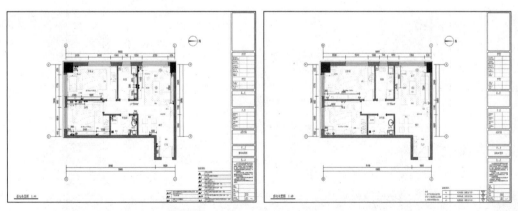

图1-0-10　强弱电点位图

⑩ 立面索引图。立面索引图需要清晰地表示出各立面的具体位置及编号，方便图纸使用者查阅（图1-0-11）。

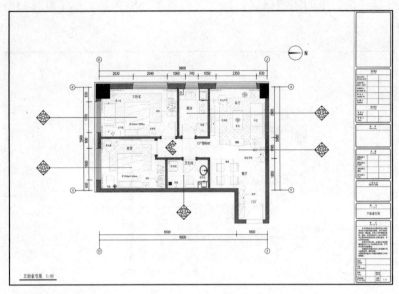

图1-0-11 立面索引图

（2）室内设计工程制图的立面图部分 立面图是一种与垂直界面平行的正投影图，它能够反映垂直界面的形状、装修做法和垂直界面上的陈设，是一种很重要的图样。立面图所要表达的内容为四个面（左右墙、地面和天花）所围合成的垂直界面的轮廓和轮廓里面的内容，包括按正投影原理能够投影到画面上的所有构配件，如门窗、隔断、窗帘、壁饰、灯具、家具等（图1-0-12、图1-0-13）。

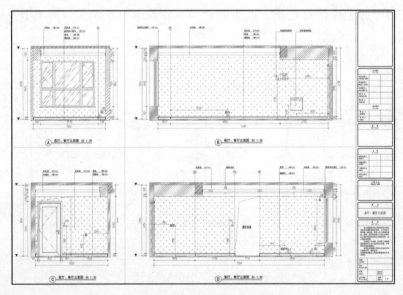

图1-0-12 客厅、餐厅立面图

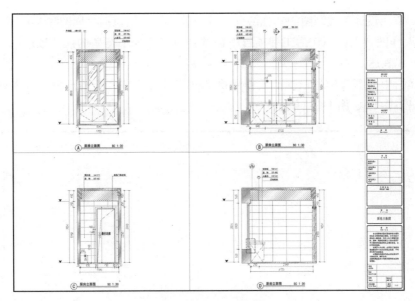

图 1-0-13　厨房立面图

（3）室内设计工程制图的详图部分　由于室内空间尺度较大，室内平面图、天花图、立面图等图样必须采用缩小的比例绘制，一些细节无法表达清楚，就需要用节点详图来说明。室内节点详图是为了清晰地反映设计内容，将室内水平界面或垂直界面进行局部的剖切后，通过放大细节比例，表达出材料之间的组合、衔接、隐蔽材料说明等局部结构的剖视图。

详图中的主要信息包括：装饰造型的尺寸和材料；造型和墙体之间的施工方式；不同材料的工艺做法（图1-0-14）。

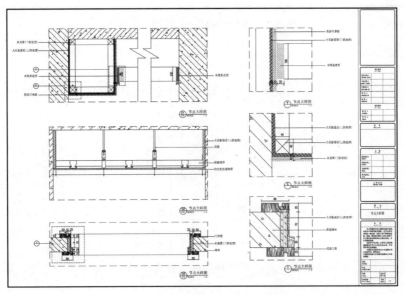

图 1-0-14　详图

（4）室内设计工程制图的其他部分　这一部分的图纸包括大样图和家具图。

① 大样图。大样图作为工程项目中需要外协工厂加工造型的尺寸依据，通过局部放大的方式表达。

大样图中的主要信息包括：大样网格及网格尺寸；放大样的造型；放大样造型的材质（图1-0-15、图1-0-16）。

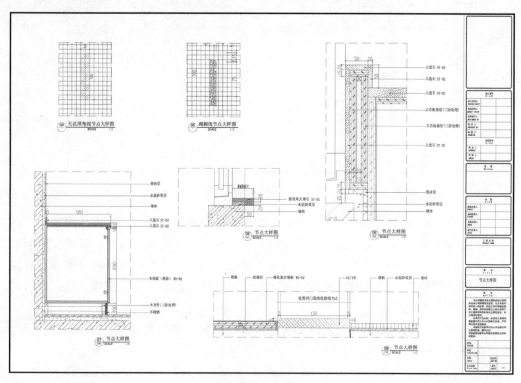

图1-0-15　大样图

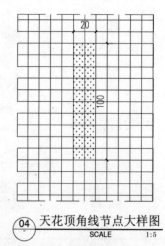

图1-0-16　天花顶角线节点大样图

② 家具布置图。家具布置图是要将空间中所有需要定制的家具按照合适比例以俯视视角，采用平面视图的方式表达，其中要有尺寸数值和材料标注两个信息。

家具布置图中的主要信息包括：家具尺寸数值；家具材料标注（图1-0-17）。

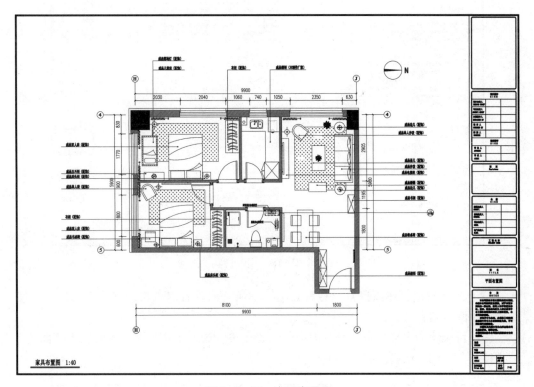

图1-0-17　家具布置图

3.室内设计工程制图的编制

一套完整的室内工程图包括许多内容，不仅要有装饰设计的图纸，还要有其他各个专业的图纸。

一套完整的室内设计工程图包括：装饰专业（装饰专业的所有图纸）；消防专业（相关内容出现在平面图及天花布置图中）；空调专业（相关内容出现在天花布置图中）；水暖专业（相关内容出现在地面铺装图与天花布置图中）；电气专业（相关内容出现在灯具连线图与强弱电点位图中）。

此外，除了这些表现结构的图纸外，工程图中还会有一系列便于识图、审图使用的辅助图纸，如设计说明、目录、材料表等。

（1）设计说明　设计说明是介绍工程项目的概况、设计项目包括的范围、整套图纸涵盖的内容及对现场施工工艺的要求等，图纸中表达不详尽的地方需要在设计说明中用文字表达。

设计说明中的主要信息包括：工程概况；设计依据；设计范围；图纸内容；施工说明（图1-0-18）。

图1-0-18　设计说明

（2）图纸目录　图纸目录是将整套施工图所有的内容以表格的形式排列出来，便于施工中图纸的查阅。

图纸目录中的主要信息包括：封面；目录；设计说明；材料表；平面图；立面图；节点图；家具图；门表（图1-0-19）。

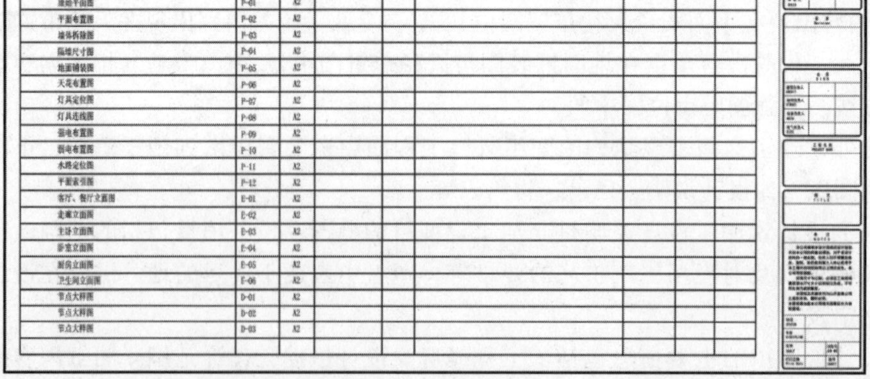

图1-0-19　图纸目录

（3）材料表　材料表是要将项目图纸中所出现的材料以表格的形式分类罗列出来，并且将材料编号也一同编入。注意材料编号与材料尽量少变更，否则会造成其他专业图纸中材料信息与此表格不符（图1-0-20）。

工程图纸材料说明表

代号	材料名称	规格	材料使用位置	品牌	品名	型号	颜色	备注
PT-01	白色乳胶漆		天花墙面大面					
PT-02	暖灰色乳胶漆	油性	公共空间大面积墙面					
WP-01	壁纸	浅色	ZDN7504					
WP-02	壁纸	浅色	ZNY7801					
WP-03	壁纸	浅色	XH-1002					
WP-04	壁纸	浅色	DS7868 (DHF-C001)					
WP-05	壁纸	浅色	DS7765BD (DHF-C002)					
WD-01	木饰面	白色混油	踢脚线					
WD-02	木饰面	白色混油(亮面)	橱柜面板					
WD-03	木地板	实木复合	公寓地面					
WD-04	木线条	实木复合	顶面造型					
ST-01	新西米大理石	16mm厚	窗台板、过门石					
ST-02	人造石	16mm厚	橱柜台面					
CT-01	瓷砖	300×300mm	卫生间地面					
CT-02	瓷砖	300×600mm	卫生间墙面					
CT-03	瓷砖	300×600mm	厨房墙面					
GL-01	清镜	8mm厚	卫生间浴室镜					
AC-01	集成吊顶	300*300mm(白色哑光)	卫生间吊顶					

注：设计中所有卫生间涂料均为防水涂料。

品牌厂家	联系方式
(木饰面)北京肯特木业有限公司	王亚平　18610385992
大自然地板	李晓宁　13910999464
英良石材	苏亮　13910812548
晨阳涂料	吕经理　18609712306
隽洁壁纸	孙艳琼　13911274226

图1-0-20　材料表

　　材料表应该是在项目设计之初就要开始制作，在绘制工程图之前就要完成这个表格。因为涉及图纸的平面图、立面图及节点图的绘制及图纸完成面的确定，材料表的完善与否直接影响到后面的图纸进度。

　　（4）其他部分　目录中的其他部分图纸会在工程图的绘制过程中随着图纸的调整不断完善，目录也会实时跟随进度调整，目录的调整工作直至全套图纸完成才算结束。

二、投影原理与形体图样的画法

　　室内设计工程图样是依据投影原理而绘制的，绘制工程图的基本方法是投影法，所以要识读建筑装饰工程图就必须先了解有关投影的基本规律及其成图原理。下面从投影原理出发，来了解投影的规律及成图原理，为今后深入学习室内装饰设计制图奠定必要的基础。

1.投影

　　在日常生活中，物体在太阳光照射下，会在地面或墙面上形成影子（图1-0-21）。这些影子可以清晰地反映出物体的轮廓，却无法表达形体的细节。而投影则除物体轮廓外，均为透明，它是各表面轮廓线受光线照射的结果，是由线组成的，能够反映空

图1-0-21 太阳照射下
形成的影子

间形体内部形状的图形（图1-0-22）。

影子和投影的区别是：影子只能反映形体的轮廓，而不能表达形体的形状；投影不仅能反映形体的轮廓，还可以表达形体细节的形状。

（1）投影法 投影法是指在一定的投射条件下，在承影平面上获得与空间几何形体或元素一一对应的图形的过程。如图1-0-23所示，由投射中心S作出空间三角形ABC在承影平面P上的图形abc的过程：过投射中心S分别作投影线SA、SB、SC与承影平面P相交，于是得点A、B、C的图形点a、b、c，连接a、b、c，则三角形abc就是空间三角形ABC在承影平面P上与之对应的图形。我们称这种获得图形的方法为投影法，称所获得的图形为投影，称获得投影的承影平面为投影面。投影线、投影面、物体是实现投影的基本要素。

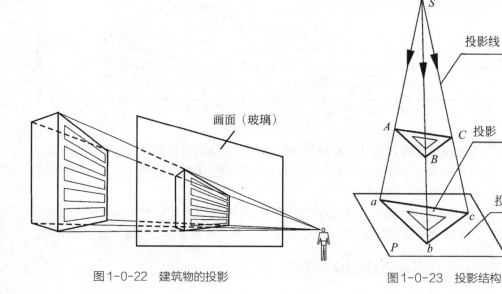

图1-0-22 建筑物的投影

图1-0-23 投影结构

（2）投影分类

① 中心投影法。所有投影线都交于投影中心的投影法称为中心投影法，一般用于绘制透视图（图1-0-24）。

② 正投影法。所有投射线互相平行，且垂直于投影面P时的投影法称为正投影法（图1-0-25）。

③ 斜投影法。投射线与投影面倾斜的平行投影法称为斜投影法。斜投影法一般用于轴测图的绘制，能表现出物体的立体形象和尺寸（图1-0-26）。

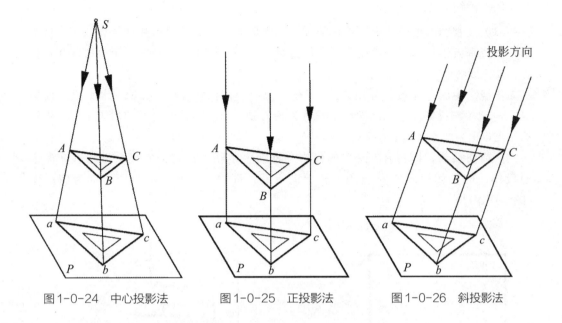

图 1-0-24　中心投影法　　　　　图 1-0-25　正投影法　　　　　图 1-0-26　斜投影法

（3）点、直线和平面的正投影

① 点的正投影。点的正投影仍然是点。

② 直线的正投影。当直线平行于投影面时，其投影仍为直线，并且等于直线的实长；当直线垂直于投影面时，其投影积聚为一点，即具有积聚性，同时还产生重影点；当直线倾斜于投影面时，其投影仍为直线，但投影的长度缩短了，投影的长度随着倾斜角的变化而变化，倾斜角度越大，投影长度就越短。直线上任意一点的正投影，必在该直线的投影上。平行直线的投影仍然保持平行。平行线段投影的长度之比保持不变。

③ 平面的正投影。当平面平行于投影面时，其投影反映平面实形，它的形状和大小都保持不变；当平面垂直于投影面时，其投影积聚为一条直线；当平面倾斜于投影面时，其投影会变形，面积也缩小了。倾斜夹角越大，它的投影变形就越大，投影面积也越小（图 1-0-27）。

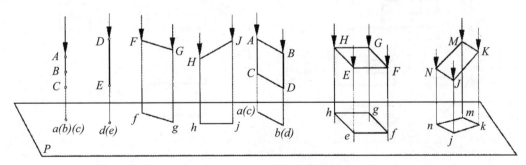

图 1-0-27　点、直线和平面的正投影

2.三视图

（1）三视图的形成　　现将物体放在三面投影体系中，并尽可能使物体的各主要表面平行或垂直于其中的一个投影面，保持物体不动，将物体分别向三个投影面作正投影，就得到物体的三视图。

三视图中的正面投影面用"V"标记；侧面投影面用"W"标记；水平投影面用"H"标记；三投影面之间两两的交线称为投影轴，分别用OX、OY、OZ表示；三根轴的交点O称为原点（图1-0-28）。

从前向后看，即得在V面上的投影，称为主视图；从左向右看，即得在W面上的投影，称为侧视图或左视图；从上向下看，即得在H面上的投影，称为俯视图（图1-0-29）。

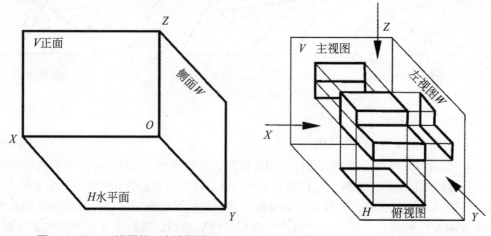

图1-0-28　三视图的三个投影面　　　　图1-0-29　三视图的形成

（2）三视图的投影规则　　三视图是同一物体在三个不同方向的投影，所以三个视图之间存在一定的联系。主视图和俯视图都反映了物体的"长"；主视图和左视图都反映了物体的"高"；左视图和俯视图都反映了物体的"宽"（图1-0-30）。

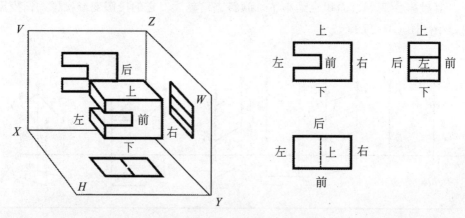

图1-0-30　三视图的投影规则

3.剖面图

（1）剖面图的概念　我们为了能够清楚地表达形体的内部结构，可以假设用一个平面将形体对称剖开，这个假设的平面，我们称其为剖切面，这个剖切面可以为水平剖切面，也可以为垂直剖切面。将处于观察者与剖切面之间的部分形体移去，把留下来的部分形体向投影面投影，所得到的图形称为剖面图（图1-0-31）。

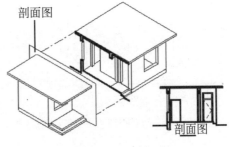

图1-0-31　剖面图

（2）剖面图的画法

① 确定剖切平面位置。画剖面图时应选择适当的剖切位置，使剖切后画出的图形能确切、全面地反映所要表达部分的真实形状。所以，剖切平面应平行于投影面。

② 画剖面图。剖面图是假想用剖切平面将物体剖开，移去介于剖切平面和观察者之间的部分，根据留下的部分画出的投影图。但因为剖切是假想的，因此画其他投影图时，仍应按剖切前的完整物体来画，不受剖切的影响。

剖面图除应画出剖切平面的图形外，还应画出沿投影方向看到的部分。被剖切平面的轮廓线用粗实线绘制；剖切平面没有切到，但沿投影方向可以看到的部分，用中实线绘制。

物体被剖切后，有时会在剖面图上用虚线画出不可见部分，为了使图形清晰易读，应省略不必要的虚线。

③ 画材料图例。剖面图中被剖切到的部分，应画出它的材料图例，以区分剖切到和没有剖切到的部分，同时可表明建筑物所用的材料。

材料图例应按国家标准《房屋建筑室内装饰装修制图标准》（JGJ/T 244—2011）的规定绘制，常用房屋建筑室内材料、装饰装修材料应按表1-0-1所示图例画法绘制。

表1-0-1　常用房屋建筑室内材料、装饰装修材料图例

序号	名称	图例	备注
1	夯实土壤		—
2	砂砾石、碎砖三合土		—
3	石材		注明厚度
4	毛石		必要时注明石料块面大小及品种
5	普通砖		包括实心砖、多孔砖、砌块等。断面较窄不易绘出图例线时，可涂黑，并在备注中加注说明，画出该材料图例

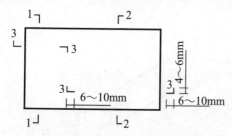

图1-0-32　剖面的剖切符号的画法

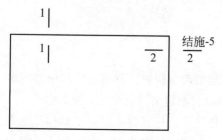

图1-0-33　断面的剖切符号的画法

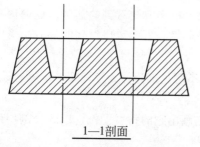

1—1剖面

图1-0-34　剖面图的图名注写

（3）剖面图的标注

① 剖切符号。剖面图本身不能反映剖切平面的位置，在其他投影图上必须标注出剖切平面的位置及剖切形式。剖切平面的位置及投影方向用剖切符号表示。

剖面的剖切符号由剖切位置线及剖视方向组成，均用粗实线绘制。

剖切位置线的长度宜为6～10mm，剖视方向线应垂直于剖切位置线，长度应短于剖切位置线，宜为4～6mm。绘制时，剖切符号不应与其他图线相接触。

剖面的剖切符号的编号宜采用阿拉伯数字，按剖切顺序由左至右、由下向上进行编排，并应注写在剖视方向线的端部。

需要转折的剖切位置线，应在转角的外侧加注与该符号相同的编号（图1-0-32）。

断面的剖切符号应仅用剖切位置线表示，其编号应注写在剖切位置线的一侧。编号所在的一侧应为该断面的剖视方向，其余同剖面的剖切符号（图1-0-33）。

② 剖面图的图名注写。剖面图的图名是以剖面的编号来命名的，它应注写在剖面图的下方（图1-0-34）。

三、室内设计工程制图基本制图规范

要绘制正确的室内工程图，就必须要掌握室内设计工程制图的一些基本知识。如图标符号、图号、立面索引号等，给绘图者提供参考，绘图者可以根据各个地域或是设计团体的绘图习惯有所改动。

1.图纸的幅面规格

（1）图纸幅面　图纸的幅面是指图纸的大小规格，简称图幅。标准的图纸以A0号图纸841mm×1189mm为幅面基准，A1号图幅是A0号图幅的对折，A2号图幅是A1号图幅的对折，其余以此类推，上一号图幅的短边即为下一号图幅的长边（表1-0-2）。

表1-0-2　图纸幅面及图框尺寸　　　　　　　　　　　单位：mm

幅面代号	A0	A1	A2	A3	A4
$b×l$	841×1189	594×841	420×594	297×420	210×297
c	10			5	
a	25				

注：表中b为幅面短边尺寸，l为幅面长边尺寸，c为图框线与幅面线间宽度，a为图框线与装订边间宽度。

国家标准规定，除了采用表1-0-2规定的标准尺寸外，还可以采用表中图纸尺寸短边的倍数延长图纸，如A3×3图纸的尺寸为：长边为A3图纸短边尺寸的3倍，短边与A3图纸的长边尺寸相同（图1-0-35）。

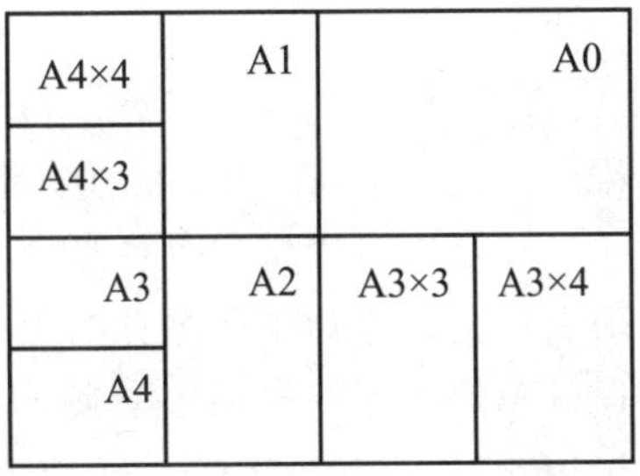

A4×4	A1	A0	
A4×3			
A3	A2	A3×3	A3×4
A4			

图1-0-35 图纸的延长幅面

（2）图框 图框是指界定图纸内容的线框，以限定图纸中的绘图范围。图框用粗实线画出，图纸内的图框和标题可用细实线画出［图1-0-36(a)、(b)］。

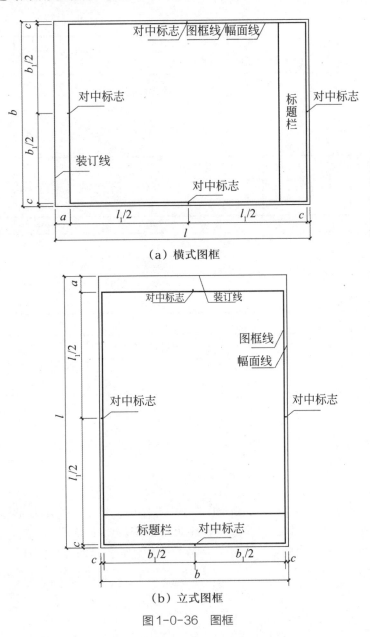

（a）横式图框

（b）立式图框

图1-0-36 图框

（3）标题栏与会签栏　每张图样规定都要在图框内画出标题栏。标题栏应根据工程的需要确定其内容、尺寸、格式及分区。

标题栏可横排，也可竖排，涉外工程图纸的标题栏，各项主要内容的中文下方应附有译文，设计单位名称的上方或左方，应加"中华人民共和国"字样。鉴于当前各设计单位标题栏的内容增多，有时还需要加入外文的实际情况，有两种标题栏尺寸可选用，30～50mm一般用于横式图幅，40～70mm一般用于立式图幅 [图1-0-37（a）～（d）]。

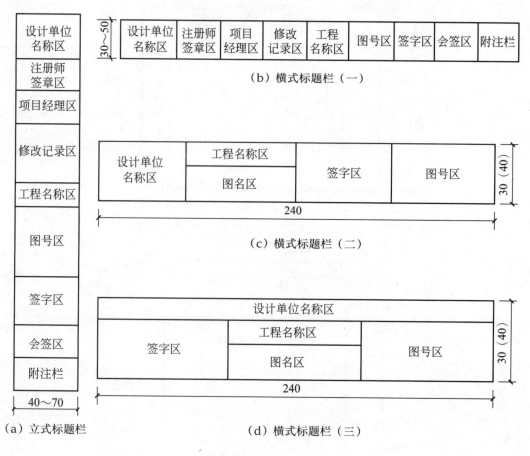

图1-0-37　标题栏

会签栏是相关专业的负责人在图纸会审中签字的区域。会签是为完善图纸、施工组织设计、施工方案等重要文件上按程序报审的两种常用形式。会签栏的尺寸应为100mm×20mm，栏内应填写会签人员的专业、姓名、日期（年、月、日）。一个会签栏不够时，可以另加一个，两个会签栏应该并列，不需要会签的图纸可以不设会签栏（图1-0-38）。

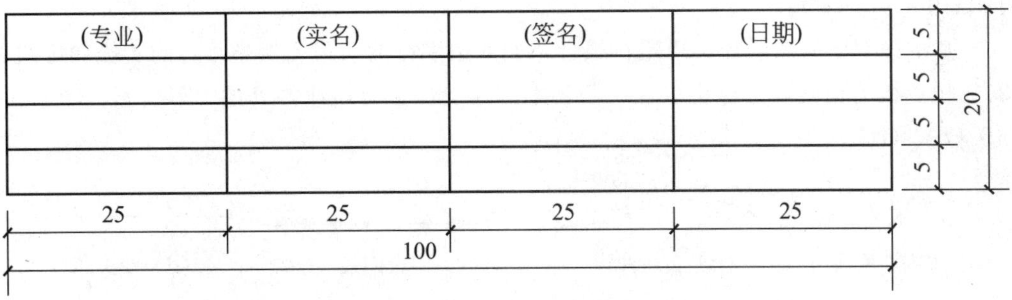

(专业)	(实名)	(签名)	(日期)

图1-0-38　会签栏

2.线型、比例设置

（1）线型设置　我们所绘制的工程图样由图线组成，为了表达工程图样的不同内容，并能够分清主次，需要使用不同线型和线宽的图线。根据图样的复杂程度，确定基本线宽后，再确定相应的线宽组。图线的宽度 b 从下列6个尺寸中选取：2.0mm、1.4mm、1.0mm、0.7mm、0.5mm、0.13mm。用CAD进行作图时，通常把不同的线型、不同粗细的图线单独放置在一个图层上，方便打印时统一设置图线的线宽。

室内工程制图常用线型见表1-0-3。

表1-0-3　常用的基本线型

线型代号	名称	基本线型图例
01	实线	
02	虚线	
03	间隔画线	
04	点画线	
05	双点画线	
06	三点画线	
07	点线	
08	长画短画线	
09	长画双短画线	
10	画点线	
11	双画单点线	
12	画双点线	
13	双画双点线	
14	画三点线	
15	双画三点线	

图样中的图线除了表1-0-3中的基本线型外还有规则波浪线、自由曲线，见图1-0-39（a）、（b）。

基本线型中的图线还可以进行组合，如两条平行的实线、两条平行的实线和虚线，实线和点线的重叠等。也可以在一条基本图线上加上有规律的其他图形要素，图1-0-39（c）、（d）。

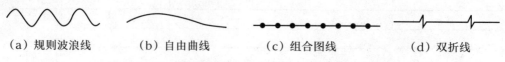

（a）规则波浪线　　　（b）自由曲线　　　（c）组合图线　　　（d）双折线

图1-0-39　规则波浪线、自由曲线、组合图线与双折线

（2）图面比例设置

① 比例的概念。比例为图纸上的图形与实际对应要素的线性尺寸之比。1：1为图形与实物尺寸相同的比例，比值小于1的比例为缩小的比例，例如1：2，比值大于1的比例为放大的比例，如2：1。国家标准规定了绘图时可以使用的比例，如表1-0-4所示。

② 比例的选择。选择比例时，应当尽量选择"1、2、5系列"的比例，如1：1、1：2、1：5、1：10、1：20、1：50、1：100、1：200、1：500、1：1000、1：2000、1：5000；放大的比例也是一样的，如2：1、5：1、10：1、20：1、50：1、100：1、200：1、500：1等。

表1-0-4　绘图比例

原值比例	1：1
缩小比例	1：1.5[①]，1：2，1：2.5[①]，1：3[①]，1：4[①]，1：5，1：6[①]，1：$(1×10^n)$，1：$(2×10^n)$，1：$(2.5×10^n)$[①]，1：$(3×10^n)$[①]，1：$(4×10^n)$[①]，1：$(5×10^n)$，1：$(6×10^n)$
放大比例	2：1，2.5：1[①]，4：1[①]，5：1，$(1×10^n)$：1，$(2×10^n)$：1，$(2.5×10^n)$：1[①]，$(4×10^n)$：1[①]，$(5×10^n)$：1[①]

① 此比例尽量不用。

③ 计算机中比例的处理方式。在计算机绘图中，有两种方法来处理比例的问题。一种是考虑到绘图的方便，图样可以按照原始尺寸绘制，图框、标题栏、标注等按照比例绘制和标注。打印时按比例进行缩放打印即可。例如对于1：2的比例，A3的图纸（420mm×297mm），采用这种方法时，图纸的尺寸应放大一倍（840mm×594mm），图框、字体的尺寸都放大一倍，如5号字，放大为10号字。打印时缩小一半打印即可。另一种方法是不改变图纸的尺寸，利用计算机自动将要绘制的图形、文字按照要求的比例进行放大和缩小，充分发挥计算机效率高的优势，输入数据时直接输入真实的尺寸，计算机将按要求转换成对应比例的尺寸绘制和显示，标注尺寸时要求标注真实的尺寸。

3.字体、尺寸标注与标高

（1）字体　图纸上所需书写的文字、数字或符号等，均应笔画清晰、字体端正、排列整齐；标点符号应清楚、正确。

文字的字高，应从表1-0-5中选用。字高大于10mm的文字宜采用True type字体，如需书写更大的字，其高度应按$\sqrt{2}$的倍数递增。

表1-0-5　文字的高度　　　　　　　　单位：mm

字体高度	汉字矢量字体	True type字体及非汉字矢量字体
字高	3.5、5、7、10、14、20	3、4、6、8、10、14、20

图样及说明中的汉字，宜优先采用True type字体中的宋体字形，采用矢量字体时应为长仿宋体字形。同一图纸字体种类不应超过两种。矢量字体的宽高比宜为0.7，且应符合表1-0-6的规定；打印线宽宜为0.25～0.35mm；True type字体宽高比宜为1。大标题、图册封面、地形图等的汉字，也可书写成其他字体，但应易于辨认，其宽高比宜为1。

表1-0-6　长仿宋体字形的高和宽　　　　　　单位：mm

字高	3.5	5	7	10	14	20
字宽	2.5	3.5	5	7	10	14

汉字的简化字书写应符合国家有关汉字简化方案的规定。

图样及说明中的字母、数字，宜优先采用True type字体中的Roman字形，书写规则应符合表1-0-7的规定。

表1-0-7　字母、数字的书写规则　　　　　　单位：mm

书写格式	字体	窄字体
大写字母高度	h	h
小写字母高度（上下均无延伸）	$7/10h$	$10/14h$
小写字母伸出的头部或尾部	$3/10h$	$4/14h$
笔画宽度	$1/10h$	$1/14h$
字母间距	$2/10h$	$2/14h$
上下行基准线的最小间距	$15/10h$	$21/14h$
词间距	$6/10h$	$6/14h$

字母及数字，当需写成斜体字时，其斜度应是从字的底边倾斜75°。斜体字的高度和宽度应与相应的直体字相等。

字母及数字的字高不应小于2.5mm。

数量的数值注写，应采用正体阿拉伯数字。各种计量单位凡前面有量值的，均应采用国家颁布的单位符号注写。单位符号应采用正体字母。

分数、百分数和比例的注写，应采用阿拉伯数字和数字符号。

当注写的数字小于1时，应写出个位的"0"，小数点应采用圆点，对齐基准线书写。

长仿宋汉字、字母、数字应符合现行国家标准《房屋建筑制图统一标准》（GB/T 50001）的有关规定。

（2）尺寸标注　室内工程图中，图形只能表达物体的形状，物体各部分的大小必须通过标注尺寸才能确定。室内施工和构件制作都必须根据尺寸进行，因此尺寸标注是制图的一项重要工作，必须认真细致、准确无误，如果尺寸有遗漏或错误，必将给施工带来困难和损失。因此在标注尺寸时，应力求做到正确、完整、清晰、合理（图1-0-40）。

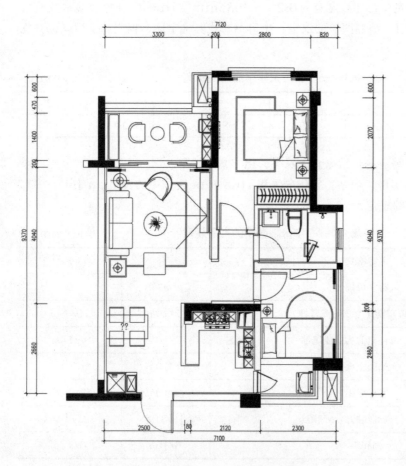

平面布置图 1:50

图1-0-40　尺寸标注

① 尺寸组成要素。图样上的尺寸标注有尺寸界线、尺寸线、尺寸起止符号（在AutoCAD中被称作"箭头"）和尺寸数字组成（图1-0-41）。

图1-0-41　尺寸组成要素

　　a.尺寸界线，用细实线绘制，与被标注的长度垂直。其一端应离开图样轮廓线不小于2mm（CAD中为起点偏移量），另一端宜超出尺寸线2～3mm。

　　b.尺寸线，表明所度量尺寸的方向，必须用细实线绘制，不能用图形中的任何图线来代替。尺寸线应与被标注图形平行，图样本身的图线均不得作为尺寸线，并超出尺寸界线2mm。在标注尺寸线相互平行的尺寸时，尽量将小的尺寸放在里面，大的尺寸放在外面。

　　尺寸线的终端有两种方式：箭头和斜线。在一套图样上，尺寸线与尺寸界线垂直时，只能采用其中一种尺寸线终端形式。机械工程图中的尺寸终端一般为箭头。箭头表明尺寸的起、止位置，其尖端应与尺寸界线相交，箭头的宽度尺寸为图样中粗实线的宽度。建筑工程图中的尺寸终端多为斜线的方式。采用斜线形式的尺寸终端时，尺寸线和尺寸界线必须垂直。

　　标注角度和弧长尺寸时尺寸线应当画成圆弧，圆心应为该角的顶点或弧的圆心。

　　c.尺寸起止符号，一般用中粗斜短线绘制，其倾斜方向与尺寸界线成顺时针45°，长度宜为2～3mm，也可用黑色圆点表示，其直径宜为1mm。半径、直径、角度与弧长的尺寸起止符号，宜用箭头表示。

　　d.尺寸数字，图样上的尺寸应以尺寸数字为准，不得从图上直接量取。尺寸数字高度一般为2.5mm，字体为宋体，距尺寸线1～1.5mm。图样上的尺寸单位，除标高及总平面以米（m）为单位外，其他必须以毫米（mm）为单位。

　　② 尺寸排列与布置。尺寸数字宜标注在图样轮廓线以外的正视方向，不宜与图线、文字、符号等相交（图1-0-42）。

图1-0-42　尺寸排列与布置

尺寸数字宜标注在尺寸线上方居中位置，如注写位置不够时，最外边的尺寸数字可注写在尺寸界线的外侧，中间的尺寸数字可上下错开注写或引出注写（图1-0-43）。

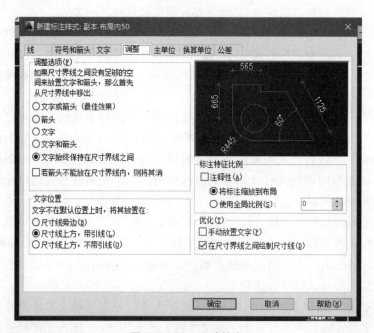

图1-0-43　尺寸数字

对于室内装饰设计图样中连续重复的构配件等，当不易标注定位尺寸时，可在总尺寸不变的情况下，定位尺寸不用数值而用"均分"或"EQ"字样表示（图1-0-44）。

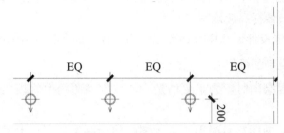

图1-0-44　尺寸均分

互相平行的尺寸线排列，应从被注的图样轮廓线由内向外，先小尺寸和分尺寸，后大尺寸和总尺寸。

第一层尺寸距图样最外轮廓线之间的距离不小于10mm，平行排列的尺寸线间距为7～10mm。

③尺寸标注的深度设置。室内装饰设计工程制图应在不同阶段和不同比例绘制时，均对尺寸标注的详细程度有不同的要求。这里我们主要依据建筑制图标准中的"三道尺寸"进行标注，主要包括外墙门窗或洞口尺寸、轴线间尺寸、建筑外包总尺寸。

尺寸标注的深度设置在底层平面中是必不可少的，当平面形状较复杂时，还应当增加分段尺寸。

在其他各层平面中，外包总尺寸可省略或标注轴线间总尺寸。无论在哪层标注，均应注意以下几点，才能使图样明确、清晰。

a.门窗或洞口尺寸与轴线间尺寸要分别在两行上各自标注，宁可留空也不可混注在一行上；

b.门窗或洞口尺寸也不要与其他实体的尺寸混行标注；

c.当上下或左右两道外墙的开间及洞口尺寸相同时，可只标注上或下（左或右）一面尺寸及轴线号即可。

（3）标高　室内地坪或平顶图样上的标高符号，应采用细实线绘制（图1-0-45）。总平面图室外地坪标高符号宜涂黑的三角形表示（图1-0-46）。

图1-0-45　标高符号　　　　　　　　图1-0-46　室外地坪标高符号

标高符号尖端指被注的高度，尖端下的短横线为需标注高度的界线，短横线与三角形同宽，地面标高尖端向下；地坪下标高，地面标高尖端向上，尖端上绘制标注高度的界线，具体画法如图1-0-47所示。

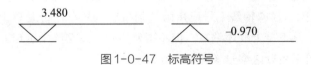

图1-0-47　标高符号

标高数字以m为单位,注写到小数点后第三位。零点标高注写成"±0.000",正数标高不注"+",负数标高应注写"-"。

在CAD室内装饰设计标高中,标高数字为宋体,高为3～4mm(所有幅面)。

4.室内设计各类制图符号

在进行室内工程制图时,为了更清楚、明确地表明图中的相关信息,将以不同的符号来表示。

(1)图标符号 图标符号是用来表示图样的标题编号。对于平面图、顶棚图的图样,其图名在其图样下方以图标符号的形式表达,图标符号由两条长短相同的平行水平直线和图名及比例共同组成,上面的水平线为粗实线,下面的水平线为细实线(图1-0-48)。

图1-0-48 图标符号

① 粗实线的宽度为1.5mm(A0、A1、A2幅面)或1mm(A3、A4幅面);

② 两线相距分别是1.5mm(A0、A1、A2幅面)或1mm(A3、A4幅面);

③ 粗实线的上方是图名和比例;

④ 图名的文字设置为粗黑字体,写在粗实线的上方,字高为8～10mm(A0、A1、A2幅面)或6～8mm(A3、A4幅面);

⑤ 比例数字设置为简宋字体,字高为4～6mm(A0、A1、A2幅面)或4～5mm(A3、A4幅面)。

(2)图号

① 图号是用来说明本张图纸的类型。在室内工程制图中图号类别范围有立面图、剖立面图、断面图、剖面详图、大样图等。由图号圆圈、编号、水平直线、图名、图例及比例共同组成(图1-0-49)。

② 图号也可以按不同图纸幅面选择放置相应的样式。

③ 立面图、剖面图及节点图的编号可以用数字或英文字母来表达。

④ 图号圆圈有两种,分别是直径14mm和直径12mm。

⑤ A0、A1、A2幅面图纸图号设置:编号字高为7mm;图名字高为7mm;比例字高为4mm。

⑥ A3、A4幅面图纸图号设置:编号字高为6mm;图名字高为6mm;比例字高为3mm。

(3)定位轴线 定位轴线采用单点画线绘制,端部用细实线画出直径为8～10mm的圆圈。横向轴线编号应用阿拉伯数字,从左往右编写,纵向轴线编号应用大写拉丁字母,从下至上顺序编写,但不得使用I、O、Z三个字母。组合较复杂的平面图中定位轴线可采用分区编号(图1-0-50)。

图1-0-49 图号

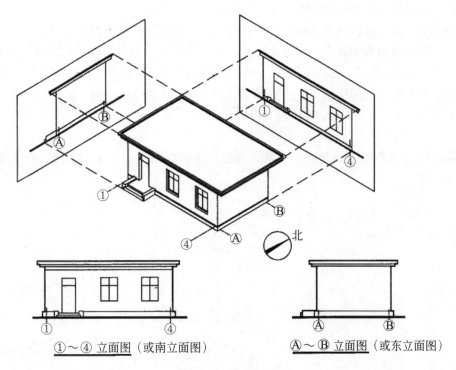

①～④ 立面图（或南立面图）　　　　Ⓐ～Ⓑ 立面图（或东立面图）

图 1-0-50　定位轴线

　　附加定位轴线编号，应以分数形式按规定编写。两根轴线之间的附加轴线，分母表示前一轴线的编号，分子表示附加轴线的编号，编号宜用阿拉伯数字顺序编写（图 1-0-51）。

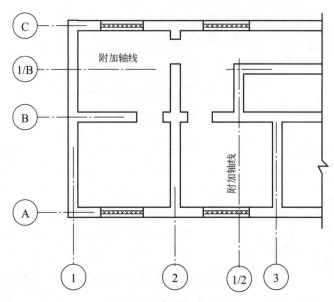

图 1-0-51　附加定位轴线

一个详图适用于几根轴线时，应同时注明有关轴线的编号。

（4）引出线　室内装饰工程图在图样较少、内容较多、标注困难的情况下，常用引出线把需要说明的内容引出注写在图样之外。引出线为细实线绘制，宜采用水平方向的直线，或与水平方向呈30°、45°、60°、90°的直线，或经上述角度再折为水平线。

文字说明注写在横线上方、下方或横线的端部，字高为7mm（在A0、A1、A2图纸）或5mm（在A3、A4图纸）。索引详图引出线，应与图号圆圈水平直径线相连接。

同时引出几个相同部分的引出线，宜互相平行，也可画成集中于一点的放射线（图1-0-52）。

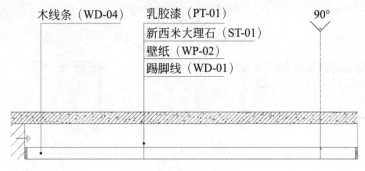

图1-0-52　引出线

（5）详图索引符号　详图索引符号可用于平面图中将分区分面详图进行索引，也可以用于节点大样的索引，如图1-0-53所示，以粗实线绘制，圆圈直径为12mm（A0、A1、A2幅面）或10mm（A3、A4幅面）。

详图号，字体为宋体，A0、A1、A2图幅
字高4mm；A3、A4图幅字高3mm

详图所在的图号，字体为宋体，A0、A1、A2图幅
字高2.5mm；A3、A4图幅字高2mm

图1-0-53　详图索引符号

（6）立面索引符号　用于在平面图中标注相关立面图、剖立面图对应的索引位置和序号。由圆圈与直角三角形共同组成，圆圈直径为14mm（A0、A1、A2幅面）或12mm（A3、A4幅面），三角形的直角所指方向为投视方向（图1-0-54）。

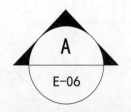

图1-0-54　立面索引符号

上半圆内的数字或字母，用来表示立面图编号。下半圆内的数字表示立面图所在的图纸号。三角形的直角所指方向随立面投视方向而变化，但圆中水平直线、数字及字母方向不变，上下圆内表述内容不能颠倒。

立面图索引编号宜采用按顺时针顺序连续排列，且数个立面索引符号可组合成一体（图1-0-55）。

（7）剖断符号　为了更清楚地表达平、剖、立面图中某一局部或构件，需另画详图，以剖断索引号来表示，即索引符号和剖切符号的组合。剖切部位用粗实线绘制出剖切位置，长度宜为6～10mm，宽度为1.5mm（A0、A1、A2幅面）或1mm（A3、A4幅面）。用细实线绘制出剖切引出线，引出索引号，且剖切引出线与剖切位置线平行，两线相距为2mm（A0、A1、A2幅面）或1.5mm（A3、A4幅面）。引出线一侧表示剖切后的投视方向，即由位置线向引出线方向投视。绘制时剖切符号不宜与图面上的图线相接触，也可采用国际统一和常用的剖视方法（图1-0-56）。

（8）其他符号

① 折断符号。所绘图样因图幅不够时，或因剖切位置不必全画时，采用折断线来终止画面。折断线以细实线绘制，且必须经过全部被折断的图画（图1-0-57）。

② 连接符号。应以折断表示需要连接的部位，以折断两端靠图样一侧的大写英文字母表示连接编号，两个被连接的图样必须用相同的字母编号（图1-0-58）。

③ 对称符号。表示对称轴两侧的图样完全相同，由对称线和对称号组成，对称号以粗实线绘制，中心对称线用单点画线绘制（图1-0-59）。

④ 中心线符号。中心线符号是用来表示图纸中某造型或者灯具在墙或顶面的中心位置的，可以减少重复的尺寸标注工作（图1-0-60）。

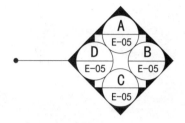

图1-0-55　组合式立面索引符号

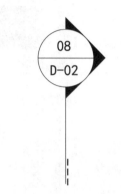

图1-0-56　剖断符号

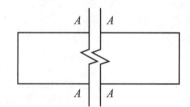

图1-0-57　折断符号

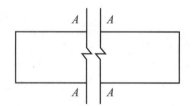

图1-0-58　连接符号

图1-0-59　对称符号

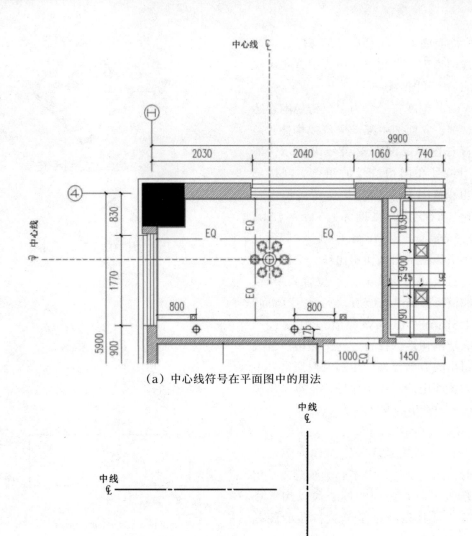

（a）中心线符号在平面图中的用法

（b）横向用法　　　　（c）纵向用法

图1-0-60　中心线符号的用法

　　⑤ 转角符号。转角符号是示意立面图的转角形式，由转角样式、标高数值及点画线三部分组成，根据应用情况可以分为两种类型的转角符号（图1-0-61）。

　　如果一个空间的立面图断开绘制不能完整地表达出设计想法，就只能通过绘制展开立面图的形式将立面完整化，这就要在绘制完成的立面图中使用转角符号来表示出立面之间的转折关系。

　　⑥ 起铺点符号。起铺点符号主要是应用在地面铺装图中，用来表示地面铺装的起始铺装点。

　　起铺点符号在地面铺装图中的应用方法如图1-0-62所示。

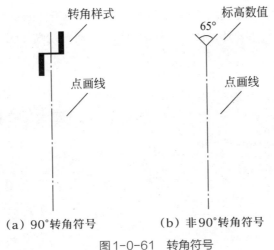

(a) 90°转角符号   (b) 非90°转角符号

图1-0-61　转角符号

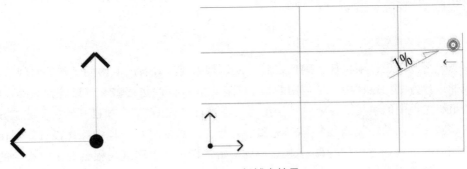

图1-0-62　起铺点符号

⑦ 修改符号。修改符号是用来将图纸中有错误或者需要讨论的位置使用修改符号将这类位置圈起来，从而更清晰地表达出来（图1-0-63）。

⑧ 指北针。表示平面图朝向北的方向，由圆、指北线段和汉字组成（图1-0-64）。

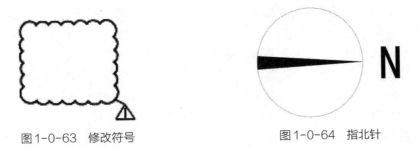

图1-0-63　修改符号   图1-0-64　指北针

⑨ 风玫瑰。风玫瑰符号是放置在项目的总平面图上使用的，表示该地区每年风向频率的标志符号。风玫瑰符号是根据某一地的风向资料而绘制的图形，它是以十字坐标定出东、南、西、北、西南、西北、东北、东南八个或十六个方位，因图形似玫瑰花而得名风玫瑰（图1-0-65）。

（9）材料索引符号　材料索引符号是用来表达图纸中设计的材料相关数据，并用编号的形式把不同的材料区分开，使一个复杂项目的材料更清晰（图1-0-66）。

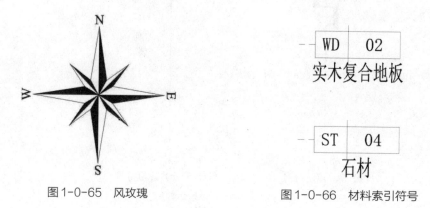

图1-0-65　风玫瑰　　　　　　　　　　图1-0-66　材料索引符号

四、工程图绘制流程

1.工程图各阶段简介

当一个室内设计项目任务确定之后，设计师需要统筹各团队协同工作的时间节点。在沟通设计方案的过程中，工程图的组织工作就也在同时进行着。到设计方案确定后，开始组织工程图的绘制，也就是扩初工程图（设计工程图）。当项目开始后，施工方组织工程图深化团队根据现场实际情况和各方意见、需要进行工程图深化设计。深化设计后完成的工程图方可指导现场施工人员开始工作。在工程现场根据施工过程中的设计变更内容需要绘制竣工图，以表达出工程竣工后的完成状况，这是为工程结算和图纸备案做的最终图纸，以下简述设计项目中的各个阶段流程。

（1）现场勘察，收集资料

① 索要项目的建筑工程图和相关专业的图纸。

② 对项目现场空间的尺寸复核，了解现场是否与建筑图纸有出入。

③ 了解甲方的经营或使用想法。

（2）方案设计

① 根据设计方案，完成最初的方案平面图。

② 根据平面布置方案出效果图，比例尽量准确。

③ 根据甲方反馈意见，修改平面布置方案和效果图，直至方案确定。

（3）扩初工程图（设计工程图）。

① 规划工程图的质量和数量。

② 完成工程图进度表，把握各个阶段的工程图完成情况。

③ 要保证平、立面尺寸准确，出主要施工节点图。

④ 跟甲方保持沟通，以免不必要的修改。

（4）深化工程图

① 保证设计方案施工时的平、立面完成尺寸与现场一致。

② 与相关专业沟通协作，协调各专业间可能出现的交叉问题。

③ 将相关专业图纸融合到工程图里，深化施工节点图，出完整的工程图。

④ 预算部门介入，控制造价。

⑤ 图纸审核，出工程蓝图。

（5）工程图现场深化设计

① 图纸会审，复核现场尺寸，总结现场意见并进一步深化图纸。

② 根据现场实际情况，甲方和监理的综合意见及材料、资金、施工工艺水平等，对设计方案进行变更和调整，此设计变更必须经由各方同意方可实施。

③ 施工现场出现拆改的情况，需要沟通各方责任人，得到许可后拆改并出洽商单。拆改洽商单中需要包括拆除和重建的施工量，以免造成漏算。

（6）竣工图

① 由施工方组织的现场深化团队最终出图。

② 根据现场空间实际尺寸调整竣工图。

③ 根据施工期间产生的设计变更内容整合完成竣工图。

④ 竣工图完成后，供甲方留底存档，是施工结算的重要依据。

（7）设计资料存档

① 深化工程图，竣工图需要存档，方便以后查阅和参考。

② 总结施工中发现的工程图出现问题的原因，避免再次发生类似情况。

2. 工程图现场深化设计

工程图在现场深化设计的阶段，是其在施工过程中最复杂的地方。由于设计方的工程图在现场施工的过程中会有变更调整，做好记录和各方确认就变得尤为重要。在设计方技术交底后，根据现场变更调整的情况，现场深化设计需要做洽商单和变更单，当现场已经依据原方案施工完成，需要拆改时，需要在洽商单中体现拆除和重建的工程量。无论是洽商单还是变更单都是做结算的依据，需要各方负责人签字并盖章，一式多份，除自身留底外，各签字方都要留底保存。

现场深化需要完成石材和玻化砖的实际排版工作，由于现场尺寸和工程图会有出入，需要根据现场实际尺寸重新排版出图并得到设计方的确认。同时其他装修材料（如硬包板、木饰面板等）的施工缝的情况也需要得到设计方确认后才可以加工生产。现场深化人员另一件重要的工作就是绘制竣工图。由于竣工图是施工方结算的重要依据，竣工图需要完整、实际的表达现场施工状况，才能保证施工方的最大利益。

总结下来，现场深化的工作是需要沟通甲方、监理方、设计方、材料商等几乎所有相关部门，工作重要程度不言而喻，需要有很丰富的实际操作经验团队才能将一个项目出色地完成，所以选择专业的现场深化团队是重中之重。

02 Chapter

进阶篇

室内设计工程制图与识图项目实训

本篇要点：

通过对图纸相关信息的解读，进一步掌握图纸系统信息及制图要领；掌握室内工程制图的表达方式及图纸中各部件的表示方法；掌握并熟记室内工程制图常用的各种图例及符号；在系统学习室内设计工程制图的方法后，能够熟练并正确绘制室内设计施工图纸，以此来表达自己的设计思想。

项目一：室内平面图的识读与绘制

学习目标：

（1）通过系统地学习室内平面图的制图方法和规范，具备一定的室内设计平面图的识图能力。

（2）掌握室内设计平面图的表达方式，图纸中部件的表示方法。

（3）掌握并熟记平面图常用的各种图例及符号。

（4）能熟练并正确绘制室内设计平面施工图纸，以此来表达自己的设计思想。

一、室内平面图的识读

1.室内平面图的表达方法

平面图的形成原理是假想用一平行于地面的剖切面将建筑物剖切后，移去上部分，自上而下看而形成的俯视图。在平面图中，我们不仅可以看到建筑物的平面形状和尺寸，还能看到房间内墙体的布局和大小，同时，窗户、门、家具、设备的位置和尺寸也清楚地表示出来。

我们在识读平面图时，应注意以下几个方面。

（1）剖切位置和图示方法 假想水平剖切面剖开墙体的高度一般在1000～1500mm，目的在于剖开窗口（高侧窗剖不到），移去剖切平面以上的部分，将余下的部分向下作水平投影。我们在绘制平面图时必须按以下规范和要求进行：

① 剖开的墙体按剖面图要求绘制，墙体一定要用粗实线画。

② 窗口为投影轮廓线，用细实线表示。

③ 窗扇用细实线画出，我国北方为双层窗，用两条细实线表示；南方为单层窗，用一条细实线表示。

（2）充填符号 当平面图的比例较大，如（1∶5）～（1∶10）时，墙体应进行填充（图2-1-1）。

（3）窗的画法 普通窗户一般用两根细实线表示（北方）。当平面图的比例较大，如（1∶5）～（1∶10）时，应画出窗的种类（平开窗或推拉窗），并应能看出是双层窗还是单层窗以及窗台板的形状。常见窗的种类有以下几种：

① 平开窗。平开窗是一种最常见、最普通的窗型，材料以木材、钢材、塑钢材质最为常见。我国南方一般采用单层窗，北方由于天气寒冷则采用中空双层玻璃窗或中空三层玻璃窗。平开窗有内开和外开两种，根据不同要求和环境而定（图2-1-2）。

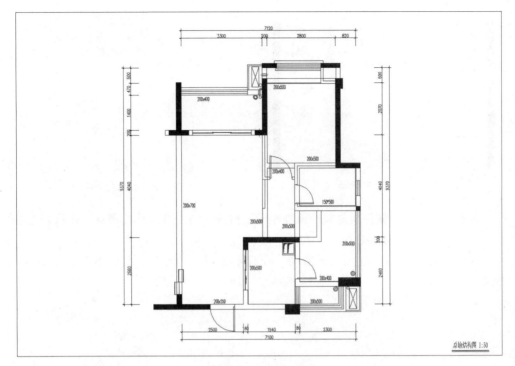

图2-1-1　填充的墙体

② 推拉窗。推拉窗一般采用先进的材料和工艺制成，最常用的是塑钢推拉窗和铝合金推拉窗。它的最大优点是开启时不占用空间（图2-1-3）。

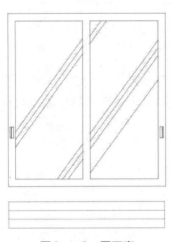

图2-1-2　平开窗

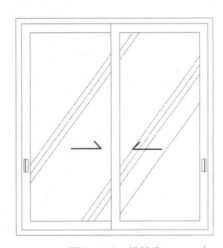

图2-1-3　推拉窗

③ 中悬窗。中悬窗一般设在高处或不易开启的地方，比如玻璃幕墙的通风窗扇，教室、展厅的高侧窗等（图2-1-4）。

④ 上悬窗。上悬窗与中悬窗的功能、构造差不多，只是铰链放在窗口的上边（图2-1-5）。

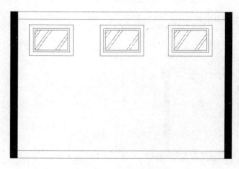

图2-1-4　中悬窗

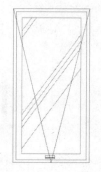

图2-1-5　上悬窗

⑤下悬窗。下悬窗与上悬窗的原理相同。目前，有一些高档的塑钢窗既可以上悬、下悬，也可平开（图2-1-6）。

⑥上推窗。窗扇可以上、下滑动，并且不占用开启空间，比较容易控制进风量（图2-1-7）。

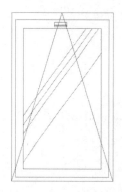

图2-1-6　下悬窗

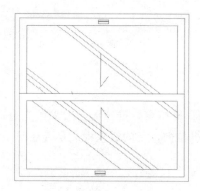

图2-1-7　上推窗

⑦固定窗。固定窗只满足采光的要求，不能开启（图2-1-8）。

⑧百叶窗。百叶窗不起保温或密闭作用，只适合于需要通风和遮阳的场合（图2-1-9）。

图2-1-8　固定窗

图2-1-9　百叶窗

（4）门的画法　在室内工程制图中，门基本上按实际的断面尺寸进行绘制。为了表达门在开启时所占用的空间，平面图上会绘制出门转动时的轨迹。室内工程制图中常见的门有以下几种：

① 平开门。平开门分单扇门和双扇门，开启的方向分为单向平开和双向平开两种。单向平开门铰链安装在门的一侧，开启方便、密闭性好、噪声小，锁起来也比较容易。双向平开门多用于人流密集、进出频繁的场所（图2-1-10）。

（a）单向平开门　　　　　　　　（b）双向平开门

图2-1-10　平开门

② 推拉门。推拉门在开启时不像平开门那样要占用开启的空间，并且可以将门扇完全地隐藏起来（内藏式推拉门）。推拉门的开关并不像平开门那么容易，在轨道上滑动时会产生噪声。多扇式的推拉门通常用来分隔空间（图2-1-11）。

450　　　　　2400　　　　　450

图2-1-11　推拉门

③ 折叠推拉门。门扇之间以铰链连接，整体在轨道上滑动，优点是开启宽度大，所占空间小（图2-1-12）。

④ 百叶门。百叶门是专门为了使空气流通而设计的门。室内百叶门常用于存放衣物的壁柜和卫生间，室外百叶门主要用处是遮阳（图2-1-13）。

图2-1-12　折叠推拉门

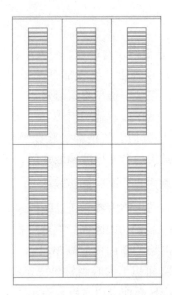

图2-1-13　衣柜百叶门

⑤ 防火、防盗门。门扇表面以金属或防火材料制成，开启方式多为平开（图2-1-14）。

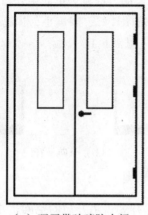

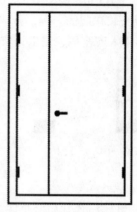

（a）双开带玻璃防火门　　　　　（b）双开全板子母式防火门

图2-1-14　防火门

⑥ 转门。转门分为自动转门和手动转门两种，最大的优点在于不设二道门时也具有很好的保温效果，特别适合用在我国北方人员进出比较频繁的公共场合，如宾馆、饭店和商场等。一般为金属结构。最常见的形式是四扇正交的转门（图2-1-15）。

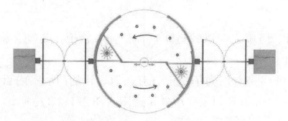

图2-1-15　转门

⑦ 卷帘门。卷帘分为防火用、防盗用、保温用和装饰用多种形式，有时用在门上，有时也用在窗上。绝大部分都采用金属制成，不论是手动或电动，卷轴都设在上部，并尽可能用装饰造型隐藏起来。

⑧ 上翻门。一般用于车库，开启迅速、方便。

⑨ 地弹门。用地弹簧起铰链作用的门叫作地弹门，一般为可内外开启的双向门。目前，常见的有无框玻璃地弹门、不锈钢地弹门及铝合金地弹门等。

2.室内平面图的图示表达

平面图上的内容是通过图线来表达的，其图示方法主要有以下几种。

（1）被剖切的断面轮廓线　被剖切的断面轮廓线，通常用粗实线表示。

被剖切的断面内应画出材料图例，常用的比例是1：100和1：200。墙、柱断面内留空面积不大时画材料图例较为困难，可以不画或在描图纸背面涂红。钢筋混凝土的墙、柱断面可用涂黑来表示（图2-1-16）。

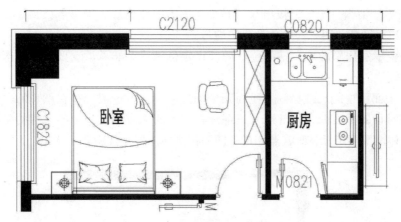

图2-1-16　被剖切的断面轮廓线

不同材料的墙体相接或相交时，相接及相交处要画断（图2-1-17）。

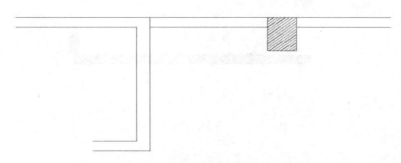

图2-1-17　不同材料的墙体相接或相交

同种材料的墙体相接或相交时，则不必在相接与相交处画断（图2-1-18）。

（2）未被剖切的轮廓线　未被剖切的轮廓线，即形体的顶面正投影，如楼地面、窗台、家电、家具陈设、卫生设备、厨房设备等的轮廓线，实际上与断面有相对高差，可用中实线表示（图2-1-19）。

图2-1-18　同种材料的墙体相接或相交

图2-1-19　未被剖切的轮廓线

（3）定位轴线　定位轴线用来控制平面图的图像位置，用单点长画线表示，其端部用细实线画圆圈，用来写定位轴线的编号。

起主要承重作用的墙、柱部位一般都设定位轴线，非承重次要墙、柱部位可另设附加定位轴线。

（4）平面图中的尺寸标注　平面图中的尺寸标注，一般分布在图形的内外。凡上下、左右对称的平面图，外部尺寸只标注在图形的下方与左侧。不对称的平面图，就要根据具体情况而定，有时甚至图形的四周都要标注尺寸（图2-1-20）。

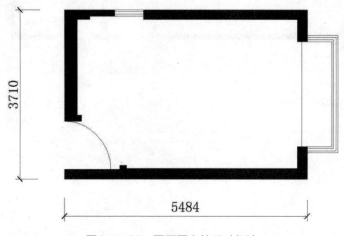

图2-1-20　平面图上的尺寸标注

尺寸分为总尺寸、定位尺寸、细部尺寸三种。

总尺寸是建筑物的外轮廓尺寸，是若干定位尺寸之和。定位尺寸是指轴线尺寸，是指建筑物构配件（如墙体、门、窗、洞口、洁具等），或其他构配件，用以确定位置的尺寸。细部尺寸是指建筑物构配件的详细尺寸。

平面图上的标高，首先要确定底层平面上起主导作用的地面为零点标高。其他水平高度则为其相对标高，低于零点标高的在标高数字前加"－"号，高于零点标高的直接标注标高数字（图2-1-21）。

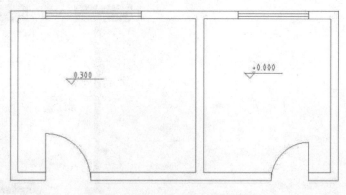

图2-1-21　平面图上的标高

这些标高数字都要标注到小数点后的第三位。

所有尺寸线和标高符号都用细实线表示。线性尺寸以"mm"为单位，标高数字以"m"为单位。

（5）平面图中的门窗符号　平面图中的门窗符号出现较多，一般M代表门，C代表窗（图2-1-22）。

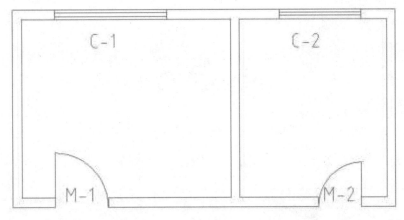

图2-1-22　平面图门窗符号

（6）楼梯　楼梯在平面图中的表示随层不同。底层楼梯只能表现下段可见的踏步面与扶手，在剖切处用折断线表示，以上梯段则不用表示出来。

在楼梯起步处用细实线加箭头表示上楼方向，并标注"上"字。中间层楼梯应表示上、下梯段踏步面与扶手，用折断线区别上、下梯段的分界线，并在楼梯口用细实线加箭头画出各自的走向和"上""下"的标注（图2-1-23）。

顶层楼梯应表示出自顶层至下一层的可见踏步面与扶手，在楼梯口用细实线加箭头表示下楼的走向，并标注"下"字（图2-1-24）。

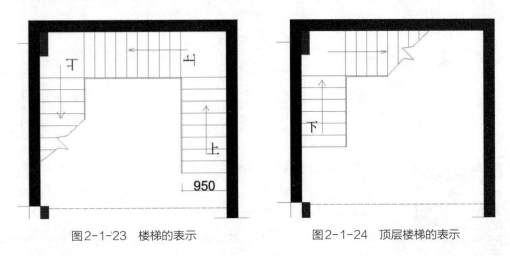

图2-1-23　楼梯的表示　　　　　　图2-1-24　顶层楼梯的表示

（7）家具符号　平面图中常用的家具、洁具、植物图块如图2-1-25所示。

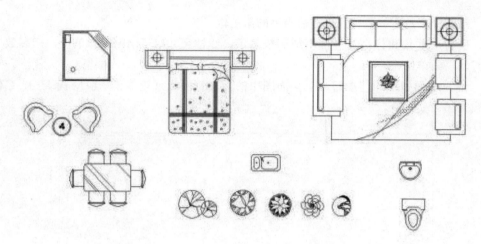

图2-1-25　家具、洁具、植物图块

（8）电气符号　如图2-1-26所示为部分电气符号说明。

单联开关	配电箱	三联开关	二级电源插座	组合花灯
二联开关	视频插座	四联开关	空调电源插座	
三级电源插座	排气扇	网络线	筒灯	镜前灯
电话插座	吸顶灯	浴霸	TV	吊灯

图2-1-26　部分电气符号说明

材料填充图例

3.平面图中常用的图例和符号

（1）材料填充图例　具体的图库可采取扫描二维码下载的方式，或到相关网站上下载。

（2）家具设备图例　在平面图上表示家具、设备时，一般只画出物品的大致轮廓，一方面由于家具、设备属于成品，具体的样式要在装修完工后配置；另一方面是为了减少画图时的烦琐。

家具、设备的平面表示法越简单，特点越鲜明越好。目前常用的家具、设备图例和符号，基本上在CAD制图的图库中都有，画图时直接调用即可。常用家具的图库资源可采取扫描二维码下载的方式，或到相关网站上下载（图2-1-27）。

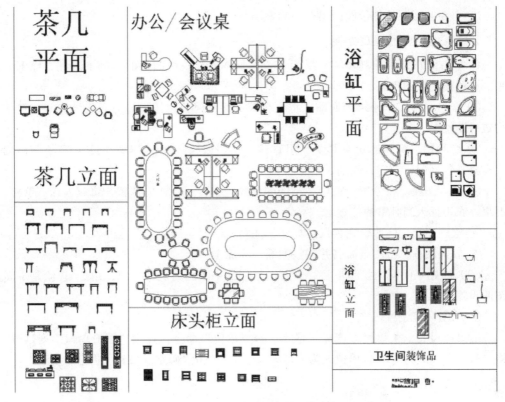

图2-1-27　CAD家具图库

二、项目实训：室内平面图绘制实例

1.平面图绘制内容及要点

（1）平面图的绘制内容

① 室内空间的组合关系及各部分的功能关系，室内空间的大小、平面形状、内部分隔、家具陈设、门窗位置及其他设施的平面布置等。

② 标注各种必要的尺寸，主要家具陈设的平面尺寸，装修构造的定位尺寸、细部尺寸及标高等。

③ 反映地面装饰铺装材料的名称及规格、施工工艺要求等。

④ 各立面位置及各房间名、详图索引符号、图例等。

（2）平面图的绘制要点

① 应采用正投影法按比例绘制。

② 平面布置图中的定位轴线编号应与建筑平面图的轴线编号一致。

③ 比例：常用比例为1：50、1：100、1：200等。

④ 图线：柱子、墙体等用粗实线；未被剖到的但可见的建筑结构的轮廓、门、窗用中实线；家具、陈设、电器的外轮廓线用中实线，结构线和装饰线用细实线；门弧、窗台、地面材质如地砖、地毯、地板等用细实线。

⑤ 需要画详图的部位应画出相应的索引符号。

2.CAD室内平面图的绘制

（1）平面布置图绘制步骤　平面布置图是在原建筑平面图的基础上绘制，以下为平面布置图的绘图步骤。

① 修改、整理原建筑平面图。将原建筑平面图拷贝，按设计方案将墙体等建筑结构进行调整。

② 绘制门、窗和固定家具。利用直线（L）、偏移（O）、修剪（TR）等绘制出固定家具，包括门、衣柜、隔断、书柜、橱柜等。

③ 插入图块。将沙发、低柜、空调图块插入到客厅适合的位置，将双人床、低柜、书桌、衣柜插入到卧室的位置。

④ 整理图层，修改、完善尺寸标注，注写文字说明、图名、比例等。

⑤ 放入图框，将图纸命名并调整图面，完成全图。

（2）原始平面图的绘制步骤　下面以某住宅平面图为例，介绍运用CAD绘制平面图的步骤。

① 绘图环境设置。

a.单位设置。菜单栏下选择"格式"→"单位"命令，弹出"图形单位"对话框，将"精度"修改为"0"，单位改为"毫米"，然后单击"确定"按钮（图2-1-28）。

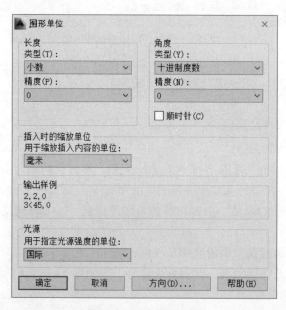

图2-1-28　单位设置

b.图层设置。为了方便管理图形和区分线型设置，在绘图之前利用图层特性管理器（LA）命令，打开"图层"对话框，对图层进行设置。其中图层名、色号可以根据绘图习惯进行设置，无统一的标准，线型、线宽按绘图标准进行设置，在绘图过程中，如果有新的内容，可以再建立新的图层（图2-1-29）。

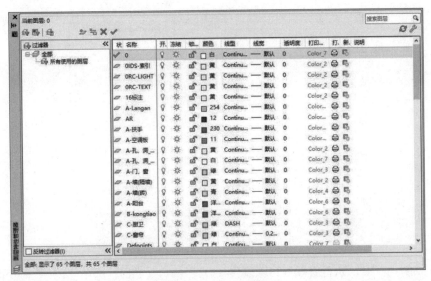

图2-1-29　图层设置

　　② 绘制轴线。图层选择"中轴线"，执行直线（L）命令，分别绘制一条水平直线和一条垂直直线，点画线的比例较小，可以选中轴线，然后单击鼠标右键，单击下拉菜单中的"特性"命令，设置"线型比例"为50。

　　执行偏移（O）命令绘制其他轴线，执行修剪（TR）命令，按照墙体的布局，修剪中轴线，完成（图2-1-30）。

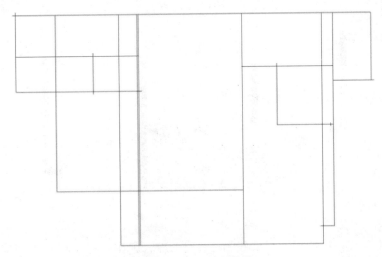

图2-1-30　绘制轴线

③ 绘制墙线。用直线（L）、偏移（O）、修剪（TR）、圆角（F）等命令画出建筑主体结构（图2-1-31）。

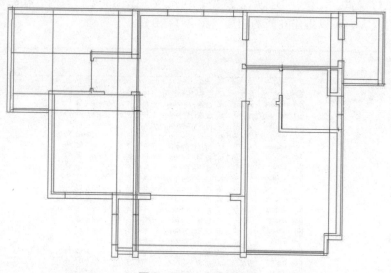

图2-1-31　绘制墙线

④ 绘制门、窗。执行直线（I）、偏移（O）、修剪（TR）、圆角（F）等命令画窗户和窗台及飘窗。一般毛坯房只有入户门，而无房间门，因此，在原始平面图中只需要画入户门即可（图2-1-32）。

同时，执行填充（H）命令，将柱子与承重墙填充。

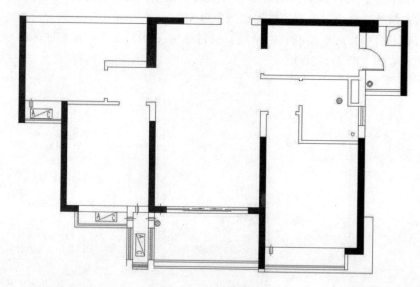

图2-1-32　绘制门、窗

⑤ 尺寸设置。执行标注样式设置（D）命令，弹出"标注样式管理器"对话框（图2-1-33）。

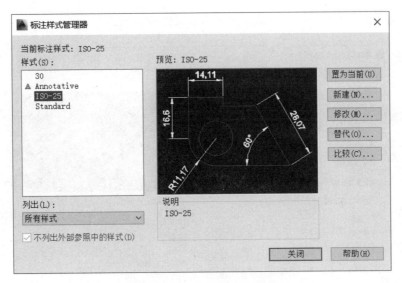

图2-1-33　标注样式管理器

在"样式"一栏中有CAD软件默认的ISO-25样式，我们可以直接使用这个样式，也可以新建一个样式。

我们使用ISO-25样式。单击"修改"按钮，进入"修改标注样式"对话框（图2-1-34）。

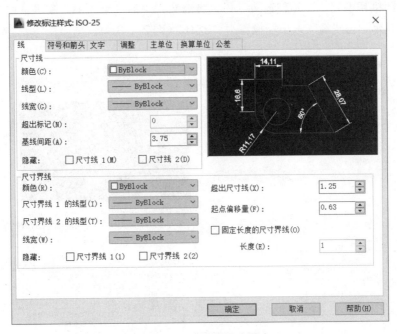

图2-1-34　修改标注样式

单击"文字"栏，将"文字高度"设置为"300"，文字高度用以确定尺寸数字的大小，"文字样式"选择宋体。"从尺寸线偏移"数值改为"100"，这个值规定了数字

室内设计工程制图与识图

离尺寸线的距离。此栏的其他数值，都使用默认设置（图2-1-35）。

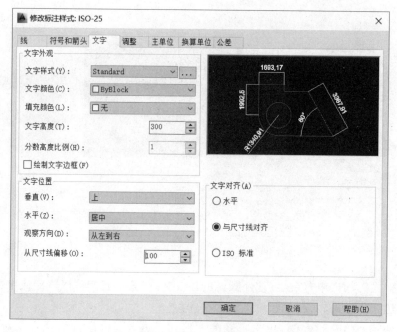

图2-1-35 文字设置

把对话框切换到"符号和箭头"栏，将箭头栏中的"第一个"和"第二个"，均设置为"建筑标记"，"箭头大小"设置为"250"（图2-1-36）。

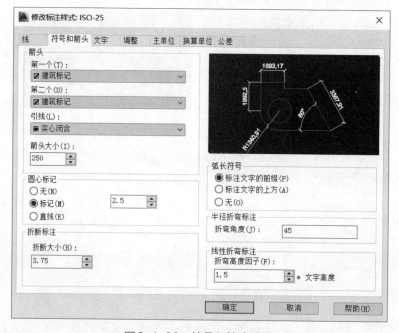

图2-1-36 符号和箭头设置

把对话框切换到"线"栏，把"超出标记"设置为"250"，"超出尺寸线"设置为"250"，其他参数均为默认（图2-1-37）。

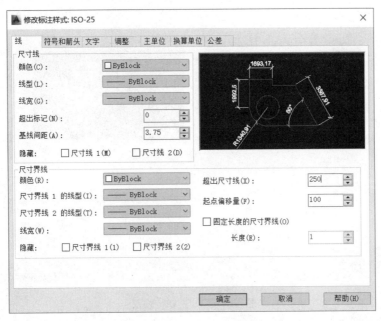

图2-1-37　标注线设置

把对话框切换到"调整"这一栏，在"文字位置"栏里，选中"尺寸线上方，不带引出线"，其他设置均为默认（图2-1-38）。

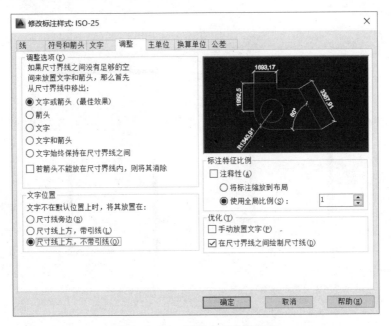

图2-1-38　调整文字位置设置

把对话框切换到"主单位"栏，将此栏中"精度"设置为"0"，这样尺寸的数值就精确到个位，其他数值均为默认（图2-1-39）。

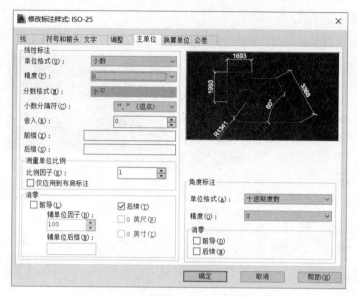

图2-1-39　主单位设置

⑥ 尺寸标注。尺寸标注一般分为三层，最里面一层标注小尺寸，中间一层标注大尺寸，最外面一层标注总尺寸。

绘制轴号可执行圆（C）和文字（MT）命令（图2-1-40）。

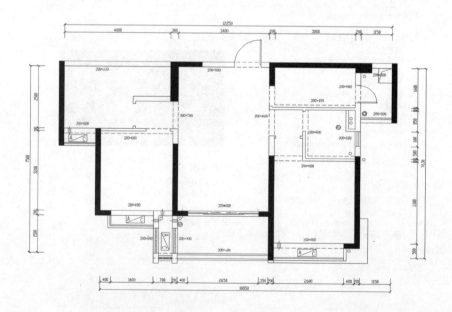

图2-1-40　尺寸标注

⑦ 调入家具模块。调入家具模块，完成空间布置（图2-1-41）。

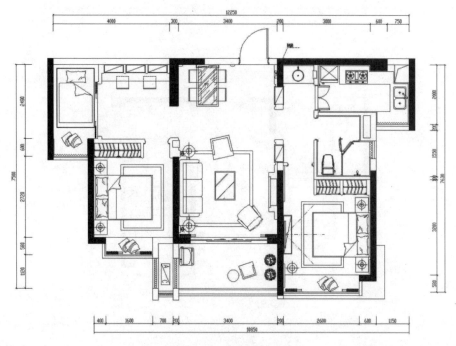

图2-1-41　完成空间布置

⑧ 标注。标注出标高、指北针、文字，完成全图标注。（图2-1-42）。

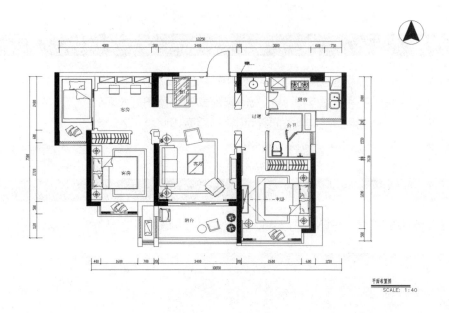

图2-1-42　全图标注

⑨ 绘出图框，将图纸命名并调整图面，完成全图（图2-1-43）。

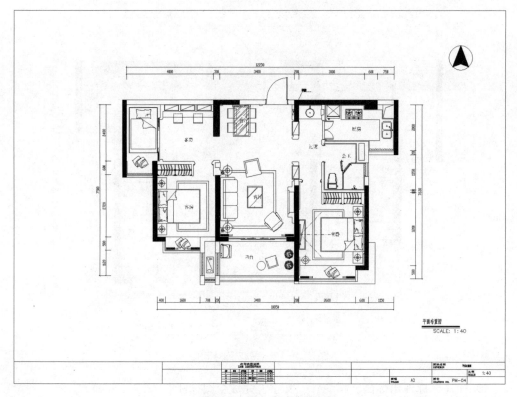

图2-1-43　完成全图

思考题

1.室内设计的平面图中门窗的位置和开启的方向如何表达？

2.室内设计的平面图中家具和设备装饰物的布置如何表示？

3.室内设计的平面图中地面形状和材料高度如何表示？

操作题

运用制图工具，按照绘图比例，抄绘图2-1-43。

项目二：室内天花平面图的识读与绘制

学习目标：

（1）通过系统地学习室内天花板图的制图方法和规范，具备一定的室内设计天花板图的识图能力。

（2）掌握室内设计天花平面图的投影方法，学会绘制室内顶棚图。

（3）掌握室内天花平面图的表现内容及其意义。

（4）掌握室内设计天花平面图绘制的方法及表达的意义。

一、室内天花平面图的识读

1.室内天花平面图的表达方法

室内天花平面图是假想用一水平剖切面在距离顶棚1.5m的位置水平剖切后，去掉建筑思维下半部分，自上而下所得到的水平面的镜像正投影图。天花平面图也可称为顶棚平面图或吊顶平面图。

由于室内天花图需要表达的要点较多，无法在一张图上表达完整。为了更加清楚地表达施工过程中的各个阶段，可将天花图细分为各分项天花图。当设计较简单时，可将各分项天花图内容合并在一张天花图上来表达。

（1）天花布置图　天花布置图在绘制时需要在图纸上表达以下相关信息：

① 剖切线以上的建筑与室内空间的造型及其关系。

② 顶棚的造型、材料、灯位图例。

③ 门、窗、洞口的位置。

④ 窗帘及窗帘盒。

⑤ 各顶面的标高关系。

⑥ 风口、烟感报警器、温感报警器、喷淋、广播、检修口等设备安装位置。

⑦ 顶棚的装修材料（图2-2-1）。

（2）天花尺寸图　天花尺寸图在绘制时需要在图纸上表达以下相关信息：

① 该部分剖切线以上的建筑与室内空间的造型及关系。

② 详细的装修、安装尺寸。

③ 顶棚的灯位图例及其他装饰物并注明尺寸。

④ 窗帘、窗帘盒及窗帘轨道尺寸。

⑤ 门、窗、洞口的位置尺寸。

⑥ 风口、烟感报警器、温感报警器、喷淋、广播、检修口等设备安装尺寸。

⑦ 顶棚的标高（图2-2-2）。

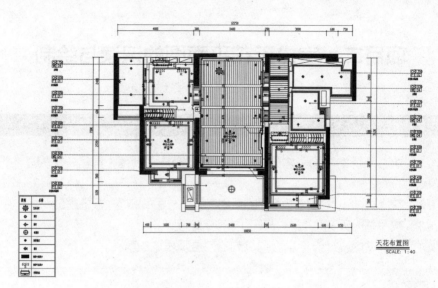

天花布置图
SCALE: 1：40

图2-2-1　天花布置图

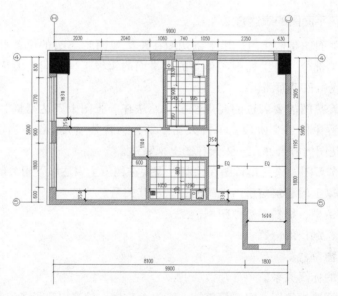

图2-2-2　天花尺寸图

（3）天花灯具点位图　天花灯具点位图在绘制时需要在图纸上表达以下相关信息：

① 该部分剖切线以上的建筑与室内空间的造型及关系。

② 每一光源的位置，并标注尺寸。

③ 开关与灯具之间的控制关系。

④ 各类灯光、灯饰的图例说明。

⑤ 窗帘及窗帘盒的位置。

⑥ 门、窗、洞口的位置。

⑦ 顶棚的标高关系（图2-2-3）。

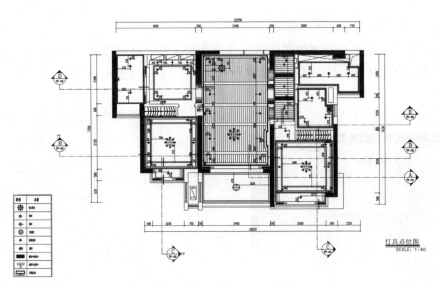

图2-2-3　天花灯具点位图

（4）天花灯具连线图　天花灯具连线图在绘制时需要在图纸上表达以下相关信息：

① 剖切线以上的建筑与室内空间的造型及其关系。

② 顶棚的造型、材料、灯位图例。

③ 门、窗、洞口的位置。

④ 窗帘及窗帘盒的位置。

⑤ 顶棚的标高关系。

⑥ 风口、烟感报警器、温感报警器、喷淋、广播、检修口等设备安装位置。

⑦ 顶棚的装修材料。

⑧ 需连成一体的光源设置（以直线或弧形细虚线绘制）（图2-2-4）。

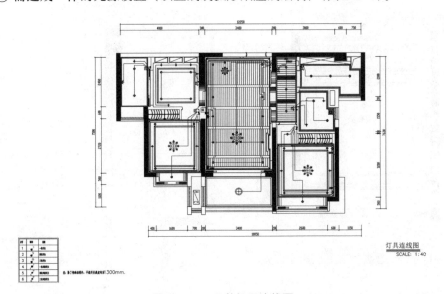

图2-2-4　天花灯具连线图

2.室内天花平面图的图示表达

（1）符号　室内天花平面图中的符号有索引符号、剖切符号、标高符号、材料索引符号等。索引符号、剖切符号要与相关图形对应（图2-2-5）。

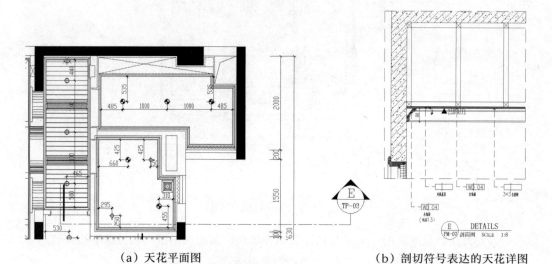

（a）天花平面图　　　　　　　　　（b）剖切符号表达的天花详图

图2-2-5　天花平面图及其剖切符号所表达的天花详图

（2）尺寸标注　室内天花平面图尺寸标注可以对顶棚造型的尺度进行详细注解，是装饰施工的重要依据。尺寸标注详尽、准确，里面的尺寸是灯具安装距离和造型的尺寸，外面大尺寸是顶棚造型之间的距离（图2-2-6）。

（3）文字标注　室内天花平面图中的文字主要起解释说明的作用，如"轻钢龙骨石膏板吊顶刷白色乳胶漆"就是对顶棚施工做法的一种表达（图2-2-7）。

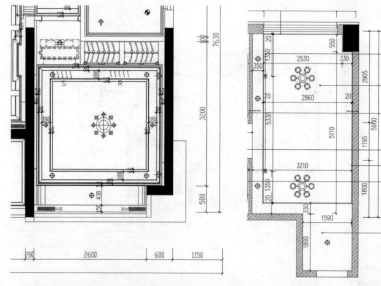

图2-2-6　天花平面图尺寸标注　　　　　图2-2-7　天花平面图文字标注

（4）灯具及机电图例 天花平面图中的灯具平面图实为仰视图或俯视图，它主要是表现灯具的平面形状和尺寸。需要特别说明的是，灯具及机电表示符号，在室内设计制图方面尚未有统一的国家标准，可根据实际情况、设计要求，自行调整绘制（图2-2-8）。

灯具及机电示例表			
符号	说明	符号	说明
⊕	吊灯	⚥	水下灯
⊩	墙灯	⊗	室外射灯
——	隐式灯槽灯	⊗ ⊗ ⚥ ⚥	泛光照明灯具
◇	隐式卤素射灯		
○	隐藏式节能筒灯	▣	卡式机风口
○	白炽筒灯（卤素灯）		
▫	防潮筒灯	▢	卡式机风口
⊗	厚玻璃胆反射筒灯	⊠	送风口
✦	金属卤化物灯	▬	条形送风格栅
▣	埋地灯	⊠	条形回风格栅
▪	单头格栅射灯	⊥ A/S	空调送风格栅
▪▪▪	三头格栅射灯	φ	空调回风管格栅
▦▦▦	长方格栅荧光灯	⊠	回风口
▦	方形格栅荧光灯	⑀	感烟探测器
▦	格栅日光灯（3×36W）	⊡	感温探测器
▦	格栅日光灯（2×36W）	◁	应急广播
⊕	吸顶灯	⊿	报警发声器
✦	隐式卤素灯	Ψ	手动报警按钮
▣	换气扇（带检修孔上人）	⊢⊣	单管荧光灯
▪▪▪	洗墙灯	⊨	双管荧光灯
○	钢化玻璃反射筒灯	⊟	三管荧光灯
⚞⚞⚞	导轨射灯	⊢◀	防爆荧光灯
⊠	埋地射灯	◑	壁灯

图2-2-8 灯具及机电图例

二、项目实训：室内天花平面图绘制实例

1.室内天花平面图绘制内容及要点

顶棚作为室内空间最大的视觉界面，由于与人接触较少，较多情况下只受人们视觉的支配，因此在造型和材质的选择上可以相对自由。但由于顶棚与建筑结构关系密切，受其制约较大，顶棚同时又是各种灯具、设备相对集中的地方，处理时需要考虑这些因素的影响。

（1）天花平面图绘制的内容

① 室内空间组合的标高关系和顶棚造型在水平方向的形状和大小，以及装饰材料名称及规格、施工工艺要求等；

② 顶棚上的灯具、通风口、自动喷淋头、烟感报警器、扬声器等设备的名称、规格和能够明确其位置的尺寸，并配以图例；

③ 需要标注出详图索引符号、剖切符号、图名与比例。

（2）天花平面图绘制的要点

① 天花平面图的比例一般与室内平面图相对应，采用同样的比例；

② 天花平面图也要标注轴线位置及尺寸；

③ 应根据天花的不同造型，标明其水平方向的尺寸和不同层次顶棚距地面的标高；

④ 应标明天花的材料及规格，图例亦采用通用图例。

2.CAD室内天花平面图的绘制

（1）设置图层，按表2-2-1设置的图层特性管理器的内容如图2-2-9所示。

表2-2-1　图层设置

图层名称	颜色	线型	线宽/mm	内容
天花	5号蓝，色号可调	实线	0.18	表示出顶棚图上的造型线
灯具A	1号红，色号可调	实线	0.18	表示出灯具、顶棚设备的外轮廓
灯具B	6号黄，色号可调	实线	0.09	表示出灯具、顶棚设备的结构线和装饰线
灯带	2号黄，色号可调	虚线	0.09	表示出隐藏在吊顶造型内的灯带

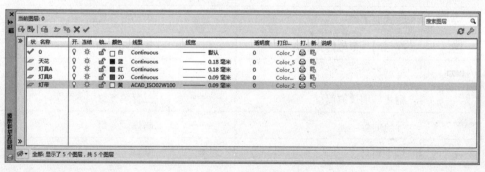

图2-2-9　天花图层设置

（2）复制及编辑墙体　执行复制（CO）命令，复制平面布置图的墙体部分，并在新复制的图形上进行修改。首先将门洞或窗洞重新恢复显示，显示灯具、顶棚设备的外轮廓复为墙体线。执行直线（L）命令将门洞或窗洞封闭（图2-2-10）。

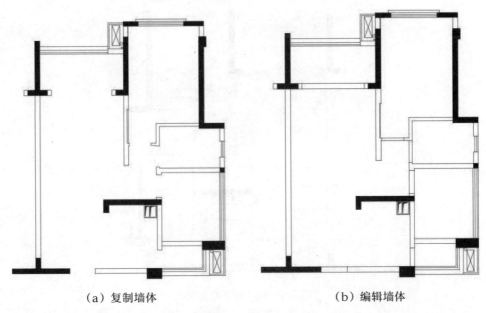

（a）复制墙体　　　　　　　　　　　　（b）编辑墙体

图2-2-10　复制及编辑墙体

（3）绘制吊顶造型　执行偏移（O）、修剪（TR）、圆角（F）等命令绘制各空间的二级吊顶和窗帘盒（图2-2-11）。

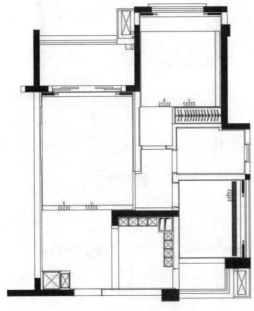

图2-2-11　绘制吊顶造型

（4）插入灯具模块　执行插入（I）命令将吊灯、筒灯、射灯等符号模块插入到合适位置（图2-2-12）。

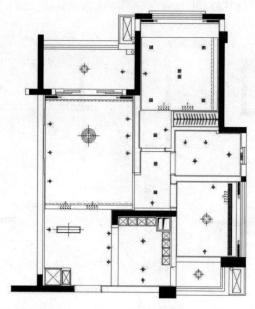

图2-2-12　插入灯具模块

（5）整理图形，完成相关标注　整理图形，注写文字说明，标注出标高、图名、比例等（图2-2-13）。

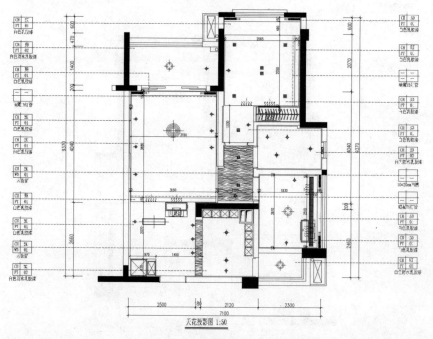

图2-2-13　整理图形，完成标注

（6）插入图框，添加图框信息　插入图框，将图纸命名及调整图面，完成全图（图2-2-14）。

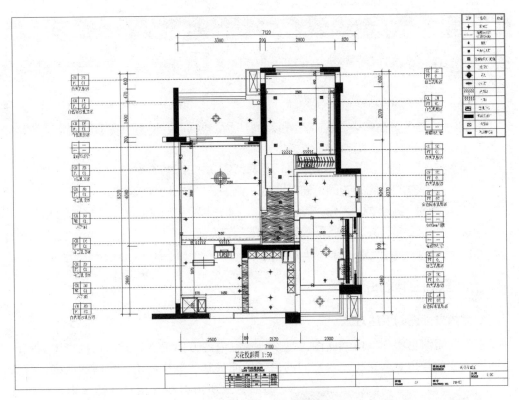

图2-2-14　插入图框

思考题

1. 室内设计天花的高度及尺寸是怎么标注的？
2. 室内设计天花的材质及施工工艺是怎么标注的？
3. 室内设计天花中的灯具以及照明设备的表示方法是什么？

操作题

运用制图工具，按照绘图比例，抄绘图2-2-14。

项目三：室内立面图的识读与绘制

学习目标：

（1）通过系统地学习室内立面图的制图方法和规范，具备一定的室内立面图的识图能力。

（2）掌握室内立面图的表达方法。

（3）通过学习室内立面图中墙面装饰造型、独立装饰造型、墙面装饰材料，具备正确绘制立面图的能力。

（4）掌握室内立面图中靠墙家具和不靠墙家具的表达方法。

（5）掌握室内立面图中门、窗、壁柱、壁炉、柜体造型的表达方法。

（6）掌握室内立面图中柱、隔断、楼梯、柜台等独立装饰造型的表达方法。

（7）掌握室内立面图中各种装饰材料的表达方法。

一、室内立面图的识读

1.室内立面图的表达方法

室内立面图也叫作室内墙面图，是平行于室内各方向垂直界面的正投影图。室内立面图主要的作用是表达出室内空间的内部墙面形状、装修做法、空间的高度、门窗的形状及所用材料等信息。通过识读室内立面图中的信息，我们可以清晰地了解空间的造型特点。

（1）立面图的类型　室内立面图的类型主要有内剖立面图和内视立面展开图两种。

所谓内剖立面图是指在室内设计中，假想用一个垂直于轴线并平行于内空间立面的平面，将房屋剖开，所得到的正投影图（图2-3-1）。其多用于表达在室内空间见到的内墙面，多数是表现单一的室内空间。图上要画出墙面布置和工程内容，应做到图像清晰、数据完整。

内视立面展开图是把构成室内空间所环绕的各个墙面拉平在一个连续的平面图上。这样可以更好地研究各墙面间的统一和反差效果，观察各墙面的相互衔接关系，了解各墙面的相关装饰做法，对施工放线和计算材料用量十分方便（图2-3-2）。

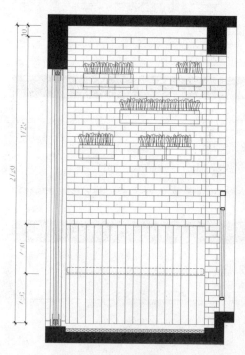

图2-3-1　内剖立面图

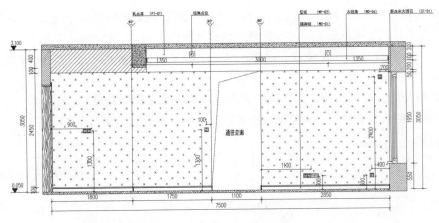

图2-3-2 内视立面展开图

（2）室内立面图的表达要点 立面图表达的内容，主要包括图名、比例、视图方向、装饰面及所用材料、工艺要求、高度尺寸和相关的安装尺寸等方面。具体内容如下：

① 准确读取图名、比例及视图方向标注。

② 准确读取立面图上装饰面的造型式样、文字说明、所用材料及施工工艺要求。

③ 明确地面标高、吊顶顶棚的高度尺寸。立面图一般都以首层室内地面为零，并以此为基准来标明其他高度，如吊顶顶棚的高度尺寸、楼层底面的高度尺寸、吊顶的叠级造型相互关系尺寸等。高于室内基准点的用正号表示，低于室内基准点的用负号表示（图2-3-3）。

④ 立面图中各种不同材料饰面之间的衔接收口较多，要明确收口的方式、工艺和所用材料。收口方法的详图，可在立面剖面图或节点详图上找出，但应在立面图中标注出具体的详图索引符号（图2-3-4）。

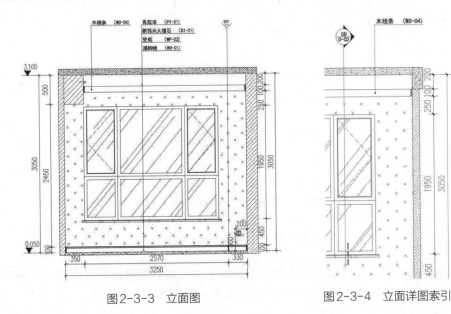

图2-3-3 立面图　　　　　图2-3-4 立面详图索引

⑤ 明确装饰结构与建筑结构的衔接，以及装饰结构之间的连接方法。明确结构间的固定方式，以便准备施工时需要的预埋件和紧固件。

⑥ 要注意设施的安装位置、规格尺寸、电源开关、插座的安装位置和安装方式，便于施工中预留位置（图2-3-5）。

⑦ 重视门、窗、隔墙、装饰隔断等设施的高度尺寸和安装尺寸，门、窗开启方向不能有错。配合有关图纸，对这类数据和信息做到心中有数（图2-3-6）。

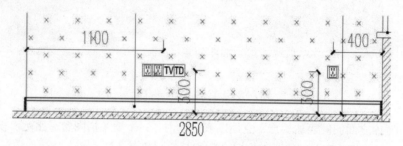

图2-3-5 立面图中的设施信息表达

图2-3-6 门窗开启方式表达

在条件允许时，最好结合施工现场识读施工立面图，如果发现立面图与现场实际情况不符，应及时反映给有关部门，以免造成更大的差错。

2.室内立面图的图示表达

（1）门、窗的图示 门的画法除了要按实际尺寸绘制外，应尽可能地表达门的装饰细部和材料。一般在实际装修项目中需要绘制装饰性木门的工程图，而金属门窗、防盗门、防火门等都由专业厂家设计加工。

立面图中门的图示如图2-3-7所示。

图2-3-7 门的图示

除了对旧建筑的改建之外，一般的新建筑都已根据建筑设计完成了外墙窗扇的制作。在室内装修工程图中一般采用省略外墙窗扇的画法，对改造或新增的窗扇则应根据相应的设计画出准确的工程图样。必要时应该给出剖面大样图和节点图。

立面图中窗户的图示（图2-3-8）。

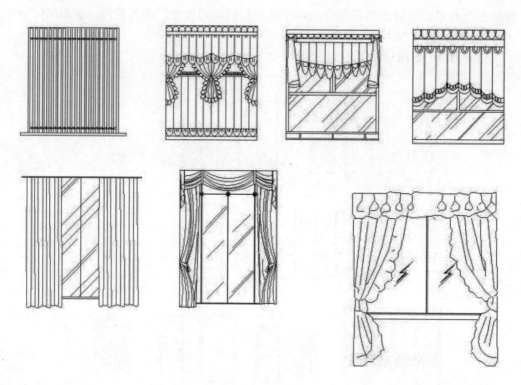

图2-3-8　窗的图示

（2）立面图中常用家具和陈设图例见图2-3-9。

图2-3-9　立面图中常用家具和陈设图例

二、项目实训：室内立面图的绘制

1.室内立面图绘制内容和要点

（1）立面图的绘图内容

① 墙面的结构和造型，以及墙体和顶面、地面的关系。

② 立面的宽度和高度。

③ 需要放大的局部和剖面的符号等。

④ 立面上的装饰物体或装饰造型的名称、内容、大小、工艺等。

⑤ 若没有单独的陈设立面图，则在立面图上绘制活动家具和各陈设品的立面造型（以虚线绘制主要可见轮廓线），并标示这些内容的索引编号。

⑥ 该立面的立面图号及图名。

（2）剖立面图的绘图内容

① 被剖切后的建筑及其装修的断面形式（墙体、门洞、窗洞、抬高地坪、吊顶内部空间等），断面的绘制深度由所绘的比例大小而定。

② 在投视方向未被剖切到的可见装修内容和固定家具、灯具造型及其他。

③ 剖立面的标高符号，与平面图的一样，只是在所需要标注的地方作一引线。

④ 详图索引号、大样索引号。

⑤ 装修材料索引编号及说明。

⑥ 该剖立面的轴线编号、轴线尺寸。

⑦ 若没有单独的陈设剖立面，则在剖立面图上绘制活动家具、灯具和各陈设品的立面造型（以虚线绘制主要可见轮廓线），并标示这些内容的索引编号。

⑧ 该剖立面的剖立面图号及图名。

（3）立面图与剖立面图绘制要点

① 比例：常用比例为 1 ∶ 25、1 ∶ 30、1 ∶ 40、1 ∶ 50、1 ∶ 100 等。

② 图线：顶、地、墙外轮廓线为粗实线，立面转折线、门窗洞为中实线，填充分割线等为细实线，活动家具及陈设可用虚线。

③ 剖立面图应包括投影方向可见的室内轮廓线和装修构造、门窗、构配件、墙面做法、固定家具、灯具、必要的尺寸和标高及需要表达的非固定家具、灯具、装饰物件等。

④ 图名应根据平面图中立面索引号编注。

2.CAD室内立面图的绘制

下面以一住宅的客厅立面为例，介绍运用CAD绘制剖立面图的步骤。

（1）图层设置　如表2-3-1所示。

表2-3-1　立面图层样式设置

图层名称	颜色	线型	线宽/mm	内容
立面剖面线	白色	实线	0.35	剖到的建筑立面结构线
立面结构线	青色	实线	0.18	未被剖到的但可见的建筑立面结构线
立面家具	黄色	实线	0.18	家具、陈设、花卉、设备的外轮廓线
尺寸	白色	实线	0.15	标注尺寸
标高	白色	实线	0.15	标高符号和数字
文字	白色	实线	0.15	文字说明

（2）绘制建筑立面　执行复制（C）命令，将需要绘制的平面图复制下来，作为绘制立面图的参照。执行直线（L）命令，水平作一条直线作为地面线（图2-3-10）。

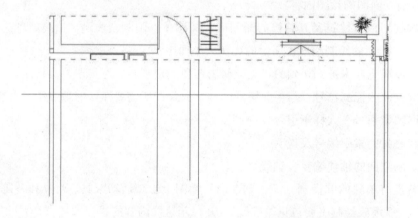

图2-3-10　作一条水平直线为地面线

执行偏移（O）命令，地面线往上偏移2800mm，得出立面的高度（图2-3-11）。

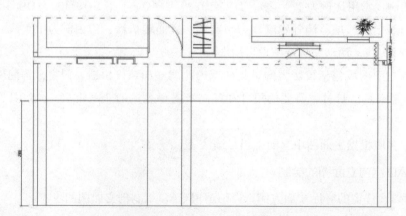

图2-3-11　绘制出立面的高度

根据窗户和梁的位置，执行偏移（O）和修剪（TR）命令，将立面轮廓线整理好（图2-3-12）。

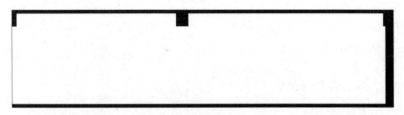

图2-3-12　整理立面轮廓线

　　（3）绘制电视背景墙　执行偏移（O）和修剪（TR）命令，根据电视背景墙设计，进一步绘制背景墙结构（图2-3-13）。

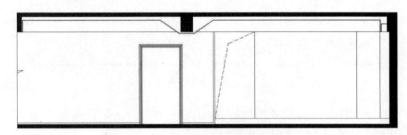

图2-3-13　绘制电视背景墙

　　（4）插入图块　执行插入（I）命令，将电视等立面图块插入到指定位置（图2-3-14）。

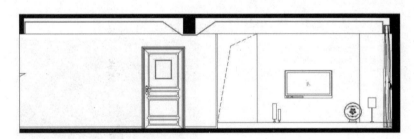

图2-3-14　插入图块

　　（5）填充图案　执行填充（H）命令，将楼板、墙面等用不同材质填充（图2-3-15）。

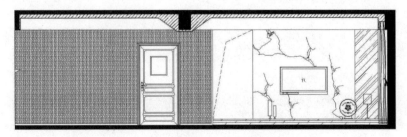

图2-3-15　填充图案

（6）尺寸设置　执行（D）命令，弹出"标注样式管理器"对话框。选择"ISO-25"，在这一样式的基础上新建一个样式，单击"新建"按钮，进入"创建新标注样式"对话框。

在"新样式名"栏中可取比例数字作为名字，本案例中立面比例为1∶50，因此在取名为"50"（图2-3-16）。

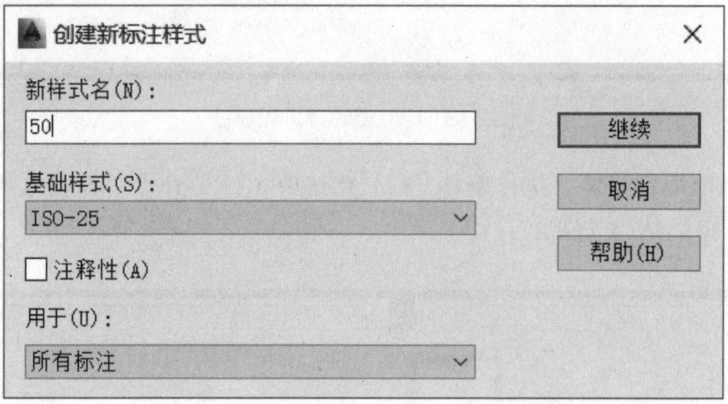

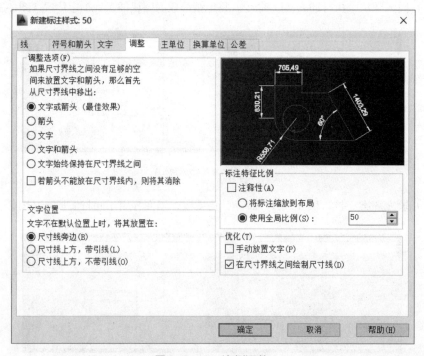

图2-3-16　"创建新标注样式"对话框

单击"继续"按钮，跳出"新建标注样式：50"对话框，单击"调整"，然后把"使用全局比例"设为"50"（图2-3-17）。

单击"确定"，标注设置完毕。

图2-3-17　比例调整

（7）添加相关标注　添加尺寸标注、符号标注、文字标注等相关标注（图2-3-18）。

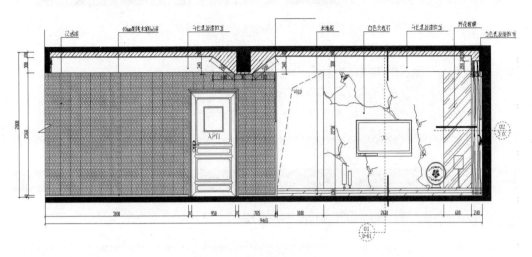

图2-3-18　添加相关标注

（8）插入图框　使用同样的命令完成另外三个立面的绘制。调整图纸命名及图面，完成全图（图2-3-19）。

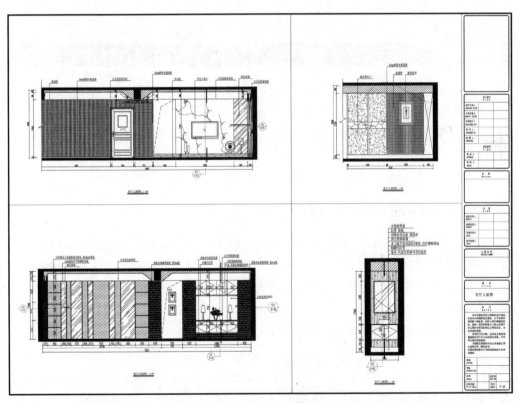

图2-3-19　插入图框

思考题

1.什么是室内立面的投影图，投影图作图的方法是什么样的?
2.什么是室内立面的展开图，室内立面展开图作图的方法是什么样的?
3.室内靠墙固定家具在立面图中是怎样表示的?
4.室内不靠墙家具在立面图中是怎样表示的?
5.室内立面造型门、窗的表达方法是什么样的?

操作题

运用制图工具，按照绘图比例，抄绘图2-3-19。

项目四：室内节点详图的识读与绘制

学习目标：

（1）通过系统地学习室内节点详图的制图方法和规范，具备一定的室内节点详图的识读能力。

（2）掌握室内节点详图的表达方法，学会节点详图的图示方法。

（3）掌握设计节点详图的制图特点。

一、室内节点详图的识读

在室内设计方案阶段，通常用平面图、立面图和剖面图并配合效果图即可表达设计的意图和概况。进入深化设计阶段后，尤其是在工程图设计环节，详尽、深入的细部设计就变得非常重要，用来表达设计细部的图样统称为详图。详图也称为大样图，是因为它使用大比例绘制。

1.室内节点详图的表达方法

室内常用的节点详图有以下两种。

（1）局部大样图　局部大样图是将某些需要进一步说明和展示的部位，单独抽取出来进行大比例绘制的图样，一般侧重于形状和样式的表达。比如地面的拼花图案、精致的天花板造型、立面装饰细部等（图2-4-1）。

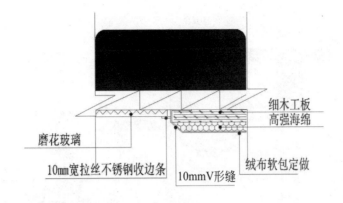

图2-4-1 局部大样图

（2）节点大样图 节点，是指构造和材料在对接、转折、变换、端头、收口等处形成的特殊部位。装修工程最重要的就是收边、收口的工作，所以节点大样图对完成一个优质工程是至关重要的。节点大样图就是绘制大比例的细部构造和工艺图，一般需结合剖切视图来表达。绘制节点的剖面图称为剖面节点大样图；如果只是表达节点构件的断面形状和尺寸，则可给出断面大样图（图2-4-2）。

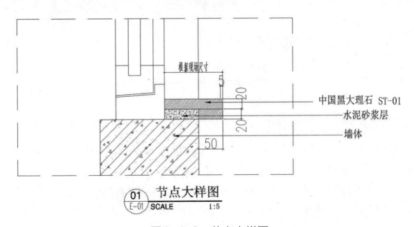

图2-4-2 节点大样图

2.室内节点详图的图示表达

（1）大样图的索引 当我们需要详细绘制局部图样时，我们可以在需要绘制局部大样图的部位用一个圆圈（或矩形框）圈住，圆圈内的图形就是想要放大的部分，圆圈采用细实线或虚线绘制。同时，在圆圈的合适位置作引出线，引出线的外端为索引代码圈，圈内上半部标注大样图名称代码，圈内下半部标注该大样图所在的图样页码（图2-4-3）。

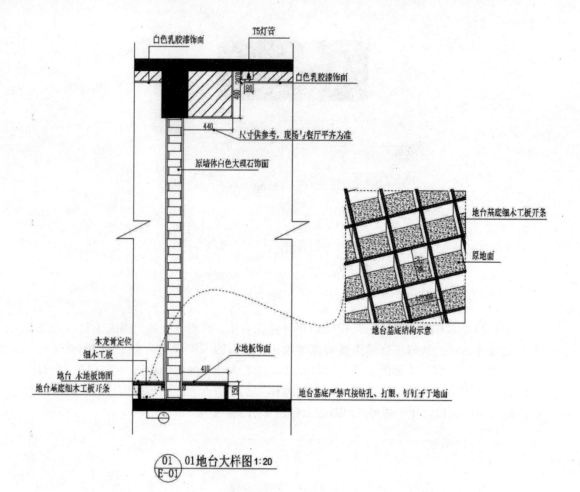

图2-4-3 地台大样图

如果剖面图就画在本张图幅内，图样页码不用注写，可用一横线表示。$\frac{1}{-}$表示剖面图在本图样页内；$\frac{1}{2}$表示剖面图不在本图样页内，可按索引提示的页码到相应的图样中查找相关的大样图。

（2）大样图的比例 为了清楚地表达空间内细部的构造和工艺要求，要选择足够大的绘图放大比例。工程图经常选用1∶1的比例绘制大样图（又称足尺大样），精度要求非常高且尺寸较小的构造和工艺，比例还应加大，如2∶1、5∶1等。

（3）节点的选择

① 节点的选择要有代表性。选择的构造大样必须对建造施工至关重要，工艺和技术必须能够表达清楚。

② 节点的选择应侧重非标准构造或材料，因为国家标准和地方标准已经颁布了有关建筑和装修的通用节点图，如台阶、散水、女儿墙等，这类节点图可以查阅工程图标准图集。

③ 节点图应准确、清楚地标示出各部分相关内容，尤其是细部关系。若构造复杂，

还要再次放大节点图。

（4）节点图示的内容

① 细部尺寸。节点大样图应标注精确的尺寸，必要时应给出误差要求，以保证施工质量。

② 材料标注。节点大样图的材料标注应符合图例要求，并配有详细的文字说明。

③ 构造和工艺。在节点大样图中应提出对构造和工艺的要求，比如施工的顺序、安装方法、定位基准以及与相关专业配合的技术问题等。

④ 应标注索引符号和编号、节点名称和制图比例。

二、项目实训：室内节点详图的绘制

1.节点详图绘制的内容和要点

（1）节点详图绘制的内容　节点详图绘制的内容大致有两种：一种是把平面图、立面图、剖面图中的某些部分单独抽出来，用更大的比例画出更大的图样，绘制成局部放大图或大样图，如图2-4-4所示；另一种是综合使用多种图样，完整地反映某些部件、构件、配件、节点，或家具、灯具的构造，绘制成构造详图或节点图，如图2-4-5所示。

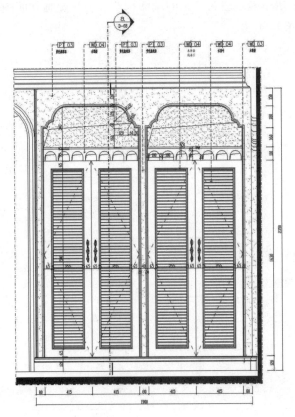

图2-4-4　门的大样图

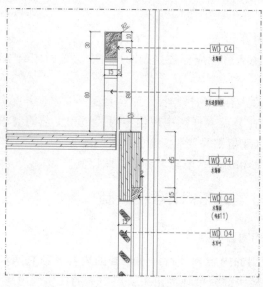

图2-4-5 构造详图

在一个室内设计工程中，需要画多少节点详图、画哪些部位的详图，要根据工程的大小、复杂程度而定，一般工程，应有以下节点详图。

① 墙面详图。用于表示较为复杂的墙面构造。通常要画立面图、纵横剖面图和装饰大样图（图2-4-6）。

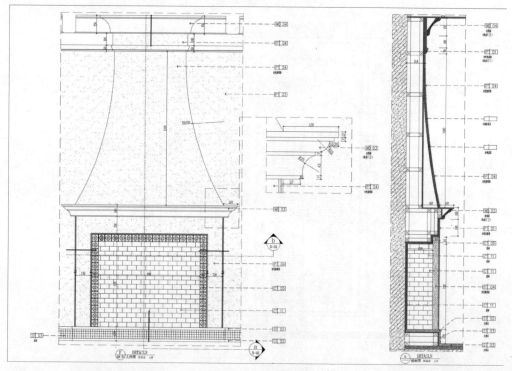

图2-4-6 墙面详图

② 柱面详图。柱面详图用于表示柱面的构造。通常要画柱的立面图、纵横剖面图和装饰大样图。有些柱子可能有复杂的柱头（如西方古典柱式）和特殊的花饰，还应画出相应柱头和花饰的示意图（图2-4-7）。

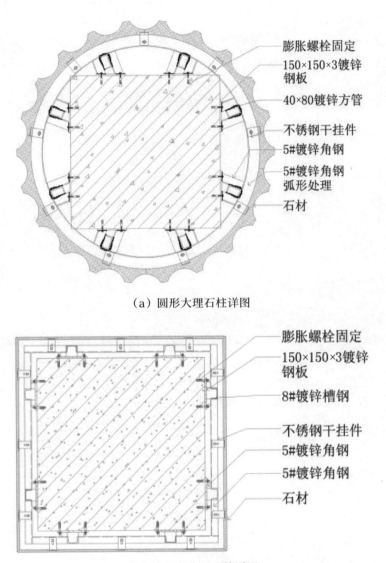

（a）圆形大理石柱详图

膨胀螺栓固定
150×150×3镀锌钢板
40×80镀锌方管
不锈钢干挂件
5#镀锌角钢
5#镀锌角钢弧形处理
石材

膨胀螺栓固定
150×150×3镀锌钢板
8#镀锌槽钢
不锈钢干挂件
5#镀锌角钢
5#镀锌角钢
石材

（b）方形包大理石柱详图

图2-4-7　柱面详图

③ 建筑构配件详图。建筑构配件详图包括特殊的门、窗、隔断、栏杆、窗帘盒、暖气罩和顶棚细部等（图2-4-8、图2-4-9）。

④ 设备、设施详图。设备、设施详图包括洗手间、洗手池、洗面台、服务台、酒吧台和壁柜等（图2-4-10、图2-4-11）。

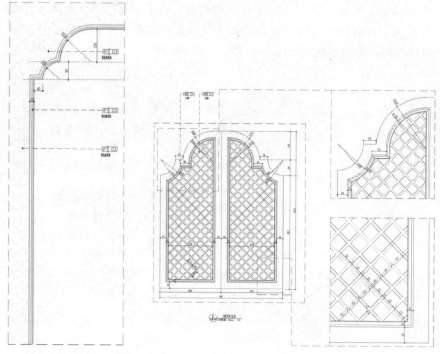

图2-4-8 厨房门大样图

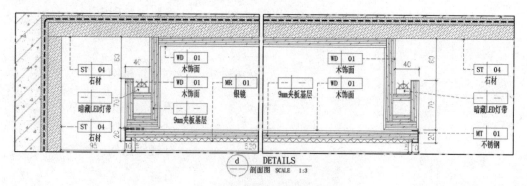

图2-4-9 顶棚结构剖面图

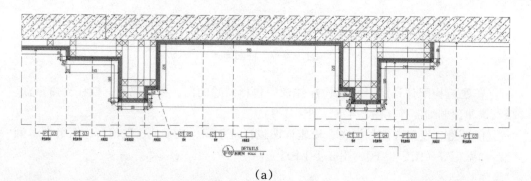

（a）

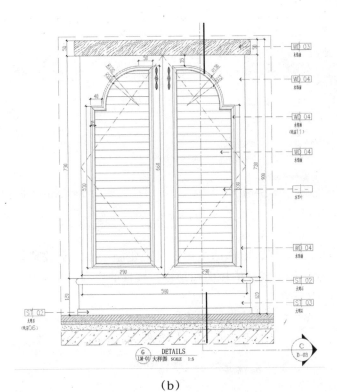

（b）

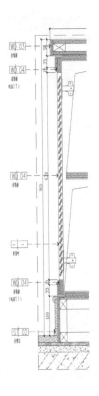
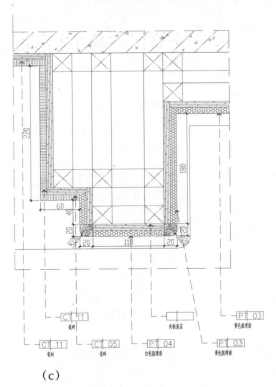

（c）

图2-4-10　装饰柜大样图

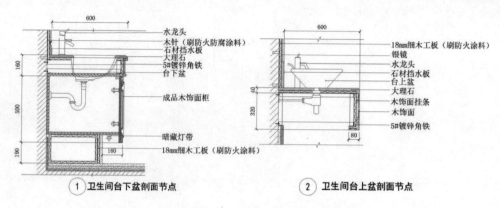

图2-4-11 卫生间台盆详图

⑤ 楼、电梯详图。楼、电梯的主体，在土建施工中就已完成。但有些细部可能留至室内设计阶段，如电梯厅的墙面和顶棚，楼梯的栏杆、踏步和面层的做法等（图2-4-12、图2-4-13）。

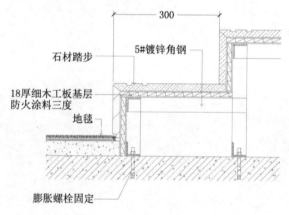

图2-4-12 地台踏步详图

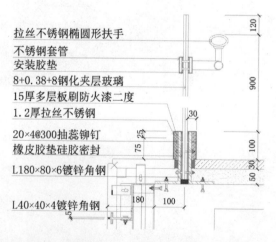

图2-4-13 玻璃栏杆详图

⑥ 家具详图。在一般工程中，多数家具都是从市场上直接购买的，特殊工程可专门设计家具，使家具和空间环境更和谐，更具地方、民族的特色。这里所说的家具，包括家庭、宾馆所用的桌、柜、椅等，也包括商店和展馆用的展台、展架和货架等（图2-4-14）。

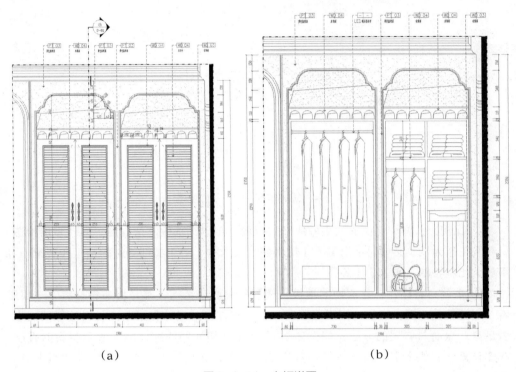

（a）　　　　　　　　　（b）

图2-4-14　衣柜详图

（2）节点详图绘制的要点

① 线型。局部大样图在将图样放大后，如果还使用原图的线型，会让人感觉单薄、空旷，应将图线加粗，以便于识图。对于无规则的曲线放大样，应采用网格定位法，网格为细实线，图样要用粗实线（图2-4-15）。

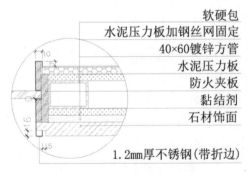

图2-4-15　墙面拼接大样图

剖面节点大样图中的剖面、断面的轮廓线为粗实线，剖面、断面轮廓内的材料图例为细实线（图2-4-16）。

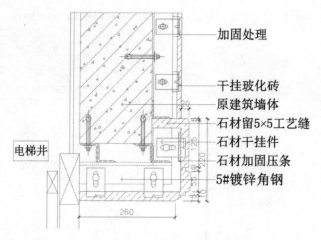

加固处理

干挂玻化砖
原建筑墙体
石材留5×5工艺缝
石材干挂件
石材加固压条
5#镀锌角钢

电梯井

260

图2-4-16　电梯井节点图的线型

② 比例。大样图比例的大小取决于需要放大部分细部的复杂程度，以能看清构造、材料及工艺为准。必要时采用1：1比例的足尺大样。对于精细部件的加工和装配图可用放大比例绘制，如2：1等。

③ 重叠材料标注。建筑物的地板、楼板和屋面等结构，都是由多种材料，一层压着一层铺筑起来的，它们的间隔很紧凑，在其内部标注尺寸和画断面材料符号很困难。表示这些重叠材料层的方法，如图2-4-17所示，用一竖线穿过所要表示材料的叠层，在图样外的竖线上引出横线，材料有几层，横线就画几条。最上边的横线旁写上最上边材料的信息，然后依次向下标出对应层材料的信息。

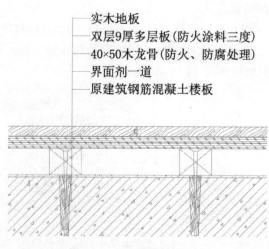

实木地板
双层9厚多层板(防火涂料三度)
40×50木龙骨(防火、防腐处理)
界面剂一道
原建筑钢筋混凝土楼板

图2-4-17　重叠材料标注

④ 材料标注。标注材料名称、工艺要求，材料名称是选材的依据，直接影响到购料、造价和工程品质。如果标注含糊不清，就失去了详图的意义。比如"石材饰面""木饰面"等，石材的种类繁多，有大理石、花岗石、人造石，而且每一种石材还分多个花色和品牌，应写出具体名称，如"西班牙米黄大理石""樱桃木胶合板，半亚光聚酯漆"等。

2.CAD室内节点详图的绘制

（1）设置绘图环境（单位与图层等的设置）。

（2）绘制出要表达的轮廓线以及断面（图2-4-18）。

（3）绘制固定构件造型。

（4）对主要造型进行材质填充（图2-4-19）。

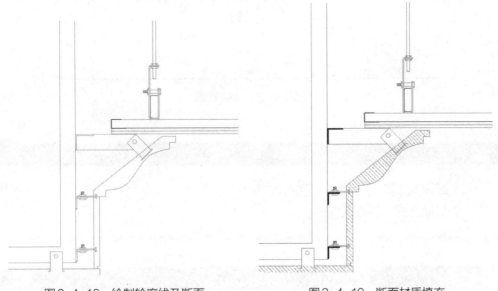

图2-4-18　绘制轮廓线及断面　　　　　图2-4-19　断面材质填充

（5）标注尺寸，添加文字说明、图名和比例（图2-4-20）。

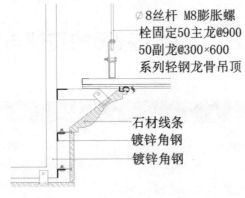

∅8丝杆 M8膨胀螺
栓固定50主龙@900
50副龙@300×600
系列轻钢龙骨吊顶

石材线条
镀锌角钢
镀锌角钢

图2-4-20　添加标注

（6）添加图框、标题栏，填写信息，完成绘制（图2-4-21）。

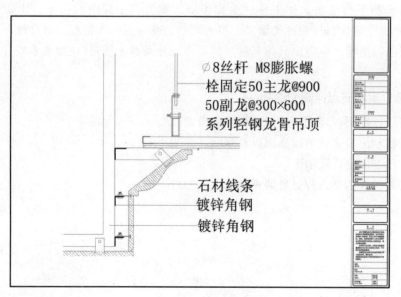

图2-4-21　添加图框

思考题

1.局部大样图与节点大样图的异同是什么?

2.节点详图具体内容有哪些?

操作题

运用制图工具，按照绘图比例，抄绘图2-4-21。

项目五：室内工程图的整理与输出

学习目标：

（1）掌握图纸图面布置原则。

（2）掌握图纸目录的编制方法。

（3）掌握图纸虚拟打印输出的正确顺序。

一、图面的排版

工程图排版需要遵循对齐原则，图纸在图面上的位置需要保持一致，使整体观感匀称、恰当，图纸内容上下左右排列，在视觉上呈统一整齐的效果。美观、规矩的图面排版不仅有益于阅图者使用，而且方便绘图人员直观地检查图纸问题。图面排版的原则如下：

（1）图纸间图面要根据虚线上下左右对齐。保持每张图纸的内容在图框内的位置一致。

（2）图纸下方留20mm宽书写图名。绘图区域根据图纸大小按比例排版。

1.平面图排版

同一张图纸上绘制若干个视图时，各视图的位置应根据图之间的关系和版面的美观决定（图2-5-1）。

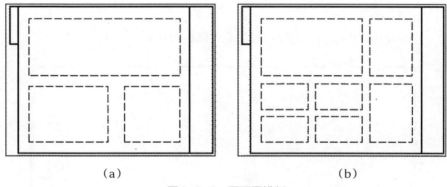

（a）　　　　　　　　　　　　（b）

图2-5-1　平面图排版

每个视图均应在视图下方、一侧或相近位置标注图名，标注方法应符合《房屋建筑室内装饰装修制图标准》（JGJ/T 244—2011）第3.7.2条~第3.7.4条的规定。

2.立面图排版

立面图排版是根据图纸大小排版而定（图2-5-2）。

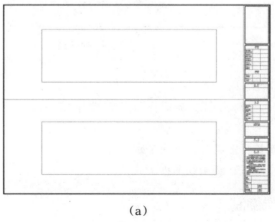

（a）

图2-5-2

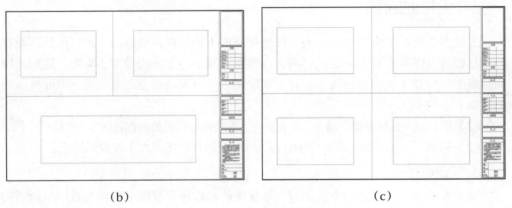

（b）　　　　　　　　　　　　　　（c）

图2-5-2　立面图排版形式

3.节点详图排版

节点详图排版以一个图框内放置四张或六张小图版面为主（图2-5-3）。

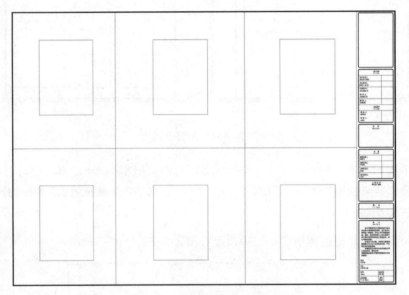

图2-5-3　节点详图排版形式

4.尺寸及引线排版

（1）尺寸标注、材料索引及剖切符号位置严格按照尺寸定位，保持图面整齐、美观。

（2）所有引线及符号需统一，样式一致。

（3）引线分为直引线和斜引线两种形式。

二、图纸目录编制

图纸目录又称标题页，它是设计图纸的汇总表。一套完整的装饰工程图纸，数量较多，但为了方便阅读、查找、归档，需要编制相应的图纸目录。图纸目录一般都以表格的形式表示，主要包括图纸序号、图纸名称、图号、图幅等，见表2-5-1。

表2-5-1 图纸目录

序号	图纸名称	图号	图幅
1	图纸封面	图表1-00	A3
2	图纸目录	图表1-01	A3
3	设计说明	图表1-02	A3
4	材料表	图表1-03	A3
5	效果图	图表1-04	A3
6	原始平面图	室施1-01	A3
7	平面布置图	室施1-01	A3
8	顶棚设计图	室施1-02	A3
9	地面材料铺装图	室施1-03	A3
10	开关插座图	室施1-04	A3
11	客厅立面图	室施1-05	A3
12	门厅立面图	室施1-06	A3
13	餐厅立面图	室施1-07	A3
14	厨房立面图	室施1-08	A3
15	主卧立面图	室施1-09	A3
16	次卧立面图	室施1-10	A3
17	主卫立面图	室施1-11	A3
18	公卫立面图	室施1-12	A3
19	设施详图	室施1-13	A3
20	家具详图	室施1-14	A3

室内设计项目的规模大小、繁简程度各有不同，但其成图的编制顺序则应遵守统一的规定。按照编排次序将整套室内装饰工程图纸装订成册，成套的工程图包含以下内容。

（1）封面 项目名称、业主名称、设计单位、成图依据等。

（2）目录 项目名称、序号、图号、图名、图幅、图号说明、图纸内部修订日期、备注等，可以列表的形式表示。

（3）文字说明 项目名称，项目概况，设计规范，设计依据，常规做法说明，关于防火、环保等方面的专篇说明。

（4）表格 材料表、门窗表（含五金件）、洁具表、家具表、灯具表等。

（5）平面图 其中总平面包括建筑隔墙总平面、家具布局总平面、地面铺装总平面、顶棚造型总平面、机电总平面等；分区平面包括分区建筑隔墙平面、分区家具布局平面、分区地面铺装平面、分区顶棚造型平面、分区灯具平面、分区机电插座平面、分区下水点位平面、分区开关连线平面、分区陈设平面等。以上可根据不同项目有所增减。

（6）立面图 装修立面图、家具立面图、机电立面图等。

（7）节点详图 构造详图、图样大样等。

（8）配套专业图纸　水、电、暖等相关配套专业图纸。

在工程图中，应首先展示总平面图，再按楼层的次序进行分区，依次展示各个分区的图纸。当楼层面积很大时，可对该楼层进行再分区，一般原则是按功能不同进行分区，如大堂区、餐饮区等。为查阅方便，可以给不同的分区编上序号，如一层01区、一层02区等。

每个分区的图纸应按平面图、顶棚平面图、立面图（剖面图）及详图的顺序排列。

三、图纸虚拟打印输出

创建完图形之后，通常要打印到图纸上，同时也可以生成一份电子图纸，以便从互联网上进行访问。

1.设置打印参数

打印的图纸可以是图形的单一视图，或者是更为复杂的视图排列。根据不同的需要，可以打印一个或多个视口，或设置选项以决定打印的内容和图像在图纸上的布置。在进行图纸打印之前，首先需要设置打印参数，该参数的设置主要在"打印-模型"对话框中进行。打开"打印-模型"对话框主要有以下几种方法：

命令行：输入"PLOT"命令。

菜单栏：选择"文件"—"打印"命令。

功能区：单击"输出"选项卡中"打印"面板中的 （打印）按钮器。

快捷键：按Ctrl+P快捷键。

程序菜单：在程序菜单中，选择"打印"—"打印"命令。

执行以上任意一种方法，将打开"打印-模型"对话框，在该对话框中进行相应的参数设置，然后单击"确定"按钮，即可开始打印（图2-5-4）。

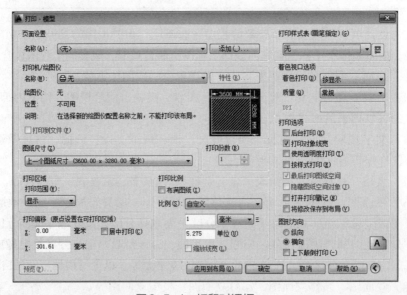

图2-5-4　打印对话框

（1）设置打印设备　为了获得更好的打印效果，在打印之前，应对打印设备进行设置。在"打印-模型"对话框中的"打印机／绘图仪"选项组中，单击"名称"下拉列表框，在弹出的下拉列表中选择合适的打印设备，完成打印设备的设置（图2-5-5）。

图2-5-5　设置打印设备

选择相应打印设备后，单击其右侧的"特性"按钮，打开"绘图仪配置编辑器"对话框，在其中可以查看或修改打印机的配置信息（图2-5-6）。

在"绘图仪配置编辑器"对话框中，各主要选项卡的含义如下。

"常规"选项卡：包含关于绘图仪配置（PC3）文件的基本信息。可以在"说明"区域中添加或修改信息。选项卡中的其余内容是只读的。

"端口"选项卡：更改配置的打印机与用户计算机或网络系统之间的通信设置。可以指定通过端口打印、打印到文件或使用后台打印。

"设备和文档设置"选项卡：控制PC3文件中的许多设置。单击任意节点的图标可以查看和更改指定设置。如果更改了设置，所做更改将出现在设置名旁边的尖括号（＜＞）中。修改过值的节点图标上还会显示一个复选标记。

（2）设置图纸尺寸　在"图纸尺寸"选项组中，可以指定打印的图纸尺寸大小。单击"图纸尺寸"下拉列表框，在弹出的下拉列表中，列出了该打印设备支持的图纸尺寸和用户使用"绘图仪配

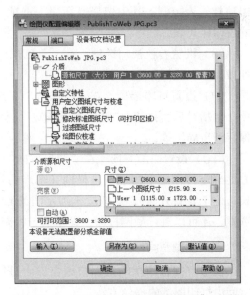

图2-5-6　打开"绘图仪配置编辑器"对话框

置编辑器"自定义的图纸尺寸,用户可以从中选择打印需要的图纸尺寸。如果在"图纸尺寸"下拉列表框中,没有需要的图纸尺寸,用户还可以根据打印图纸的需要,进行自定义图纸尺寸的操作。

(3)设置打印区域　AutoCAD的绘图界限没有限制,在打印前必须设置图形的打印区域,以便更准确地打印图形。在"打印区域"选项区中的"打印范围"列表框中,有"范围""窗口""图形界限"和"显示"4个选项。其中,选择"范围"选项,打印当前空间内的所有几何图形;选择"窗口"选项,则只打印指定窗口内的图形对象;选择"图形界限"选项,只打印设定的图形界限内的所有对象;选择"显示"选项,可以打印当前显示的图形对象。

(4)设置打印　在"打印-模型"对话框的"打印偏移(原点设置在可打印区域)"选项组中,可以确定打印区域相对于图纸左下角点的偏移量。其中,勾选"居中打印"复选框可以使图形位于图纸中间位置。

(5)设置打印比例　在"打印比例"选项组中,可以设置图形的打印比例。用户在绘制图形时一般按1:1的比例绘制,而在打印输出图形时则需要根据图纸尺寸确定打印比例。系统默认的是"布满图纸",即系统自动调整缩放比例使所绘图形充满图纸。还可以在"比例"列表框中选择标准比例值,或者选择"自定义"选项,在对应的两个数值框中设置打印比例。其中,第一个文本框表示图纸尺寸单位,第二个文本框表示图形单位。例如,设置打印比例为7:1,即可在第一个文本框内输入"7",在第二个文本框内输入"1",则表示图形中1个单位在打印输出后变为7个单位。

(6)设置打印份数　在"打印份数"选项组中,可以指定要打印的份数,打印到文件时,此选项不可用。

(7)设置打印样式表　在"打印样式表"下拉列表中显示了可供当前布局或"模型"选项卡使用的各种打印样式表,选择其中一种打印样式表,打印出的图形外观将由该样式表控制。其中选择"新建"选项,将弹出"添加打印样式表"向导,创建新的打印样式表。

(8)设置着色视口选项　在"着色视口选项"选项组中,可以选择着色打印模式,如按显示、线框和真实等。

(9)设置打印选项　在"打印选项"选项组中列出了控制影响对象打印方式的选项,包括"后台打印""打印对象线宽""使用透明度打印""按样式打印"和"将修改保存到布局"等。

(10)设置图形方向　在"图形方向"选项组中,可以设置打印的图形方向,图形方向确定打印图形的位置是横向(图形的较长边位于水平方向)还是纵向(图形的较长边位于竖直方向),这取决于选定图纸的尺寸大小。同时,选中"上下颠倒打印"复选框,还可以进行颠倒打印,即相当于将图纸旋转180°。

2.在模型空间打印

模型空间打印指的是在模型窗口中进行相关设置并进行打印,下面将介绍在模型空间中打印图纸的操作方法。

（1）打开文件　按Ctrl+O快捷键，打开"在模型空间中打印.dwg"图形文件（图2-5-7）。

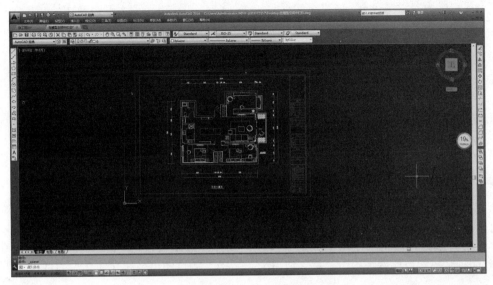

图2-5-7　打开文件

（2）设置页面管理器　单击"输出"选项卡中"打印"面板中的"页面设置管理器"按钮，打开"页面设置管理器"对话框，单击"新建"按钮（图2-5-8）。

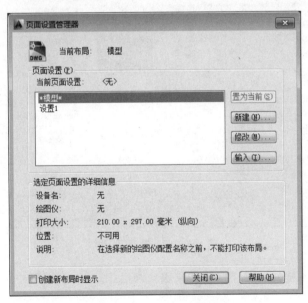

图2-5-8　设置页面管理器

（3）新建页面　打开"新建页面设置"对话框，修改"新页面设置名"为"模型图纸"（图2-5-9）。

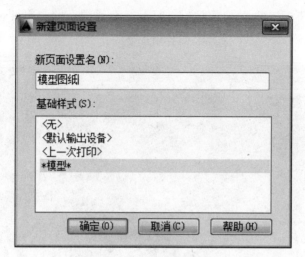

图2-5-9　新建模型图纸

（4）选择打印机　单击"确定"按钮，打开"页面设置-模型图纸"对话框，在"打印机／绘图仪"选项组中，选择后缀为".pc3"的打印机模式（图2-5-10）。

图2-5-10　选择打印机

（5）设置打印样式　在"打印样式表（画笔指定）"列表框中，选择合适的打印样式。

弹出"问题"对话框，单击"是"按钮（图2-5-11）。

（6）设置图形方向　在"图形方向"选项组中，单击"横向"按钮（图2-5-12）。

（7）设置打印范围　在"打印范围"列表框中，选择"窗口"选项，在绘图区中，依次捕捉图形的左上方端点和右下方端点，即可设置打印范围（图2-5-13）。

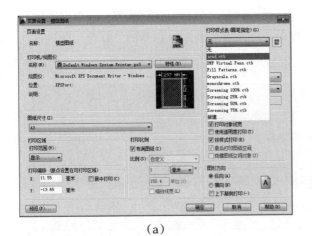

（a）   （b）

图2-5-11　设置打印样式

图2-5-12　设置图形方向

图2-5-13　设置打印范围

依次单击"确定"和"关闭"按钮，即可创建页面设置，单击"打印"面板中的
（打印）按钮。

（8）选择模型图纸　打开"打印-模型"对话框，在"页面设置"选项组中的"名
称"列表框中，主选择"模型图纸"选项（图2-5-14）。

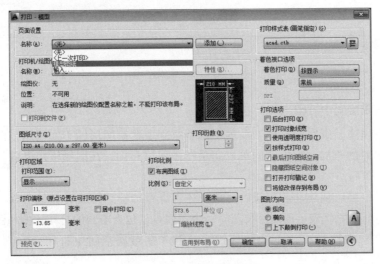

图2-5-14　选择模型图纸

（9）完成打印　单击"确定"按钮，打开"另存为"对话框，设置文件名和保存路径，单击"保存"按钮，开始打印，打印进度显示在打开的"打印作业进度"对话框中（图2-5-15）。

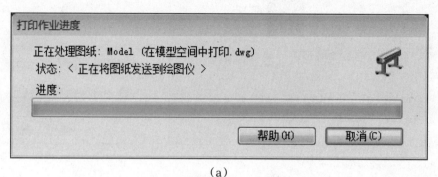

（a）

（b）

图2-5-15　完成打印

3.在布局空间中打印

布局空间即图纸空间，用于设置在模型空间中绘制图形的不同视图，创建图形最终打印输出时的布局。布局空间可以完全模拟图纸布局，在图形输出之前，可以先在图纸上布置布局。

在布局中可以创建并放置视口对象，还可以添加标题栏或者其他对象。可以在图纸中创建多个布局以显示不同的视图，每个布局可以包含不同的打印比例和图纸尺寸。

（1）打开文件　按Ctrl+O快捷键，打开"在布局空间中打印.dwg"图形文件（图2-5-16）。

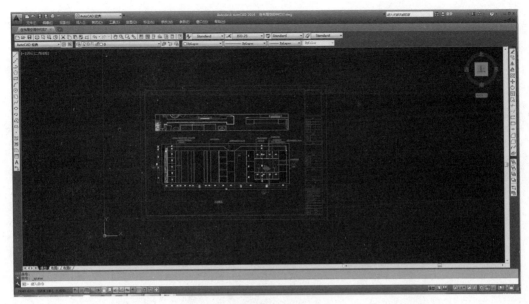

图2-5-16 打开文件

（2）设置页面管理器 在工作空间单击"布局1"选项卡，进入图纸空间。

单击"输出"选项卡中"打印"面板中的"页面设置管理器"按钮，打开"页面设置管理器"对话框，单击"新建"按钮（图2-5-17）。

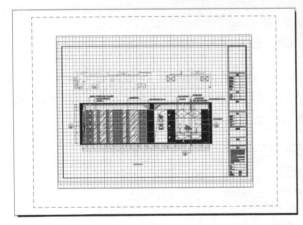

图2-5-17 设置页面管理器

（3）新建页面 打开"新建页面设置"对话框，修改"新页面设置名"为"布局图纸"（图2-5-18）。

（4）选择打印机 单击"确定"按钮，打开"页面设置-布局1"对话框，在"打印机"选项组中，选择"布局"（图2-5-19）。

（5）设置打印样式及图纸方向 设置"打印机""打印样式表"和"图纸方向"（图2-5-20）。

图2-5-18　新建页面设置

图2-5-19　选择布局选项

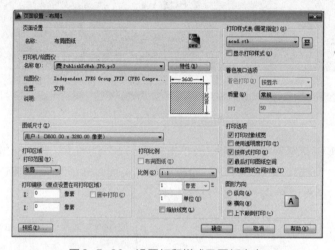

图2-5-20　设置打印样式及图纸方向

（6）选择布局图纸　依次单击"确定"和"关闭"按钮，即可创建页面设置，单击"打印"面板中的"打印"按钮，打开"打印-布局1"对话框，在"页面设置"选项组中的"名称"列表框中，选择"布局图纸"选项（图2-5-21）。

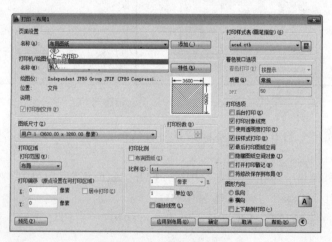

图2-5-21　选择布局图纸

（7）完成打印　单击"确定"按钮，打开"另存为"对话框，设置文件名和保存路径，单击"保存"按钮，开始打印，打印进度显示在打开的"打印作业进度"对话框中（图2-5-22）。

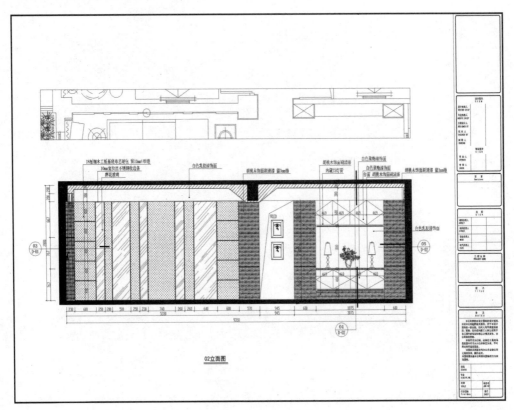

图2-5-22　完成打印

思考题

1.图纸图面布置原则是什么？
2.图纸目录的主要内容是什么？

操作题

运用制图工具，按照绘图比例，完成范例图纸打印输出。

实战篇

03 Chapter

室内工程图综合实例实训

本篇要点：

通过对三个实际项目的图纸的解读与绘制，
进一步掌握图纸信息及制图要领。从绘制室
内工程制图的角度出发，学习并掌握全套工
程图的绘制，具备一定的室内工程图绘制的
能力。同时，通过对完整项目工程图的学
习，具备一定表达自己设计思想的能力。

项目一：家居空间工程图设计与制作实例

学习目标：

　　通过对家居空间工程图绘制的学习，了解全套工程图的绘制的方法，初步具备绘制成套工程图纸的能力，包括：绘制和编写家居空间工程图的封面、目录及设计说明；绘制家居空间顶棚及地面铺装图；绘制家居空间插座平面图；绘制家居空间立面图及详图。

一、家居空间工程图的封面、目录及设计说明的绘制和编写要点

1.设计说明

（1）设计文件是否符合批准的初步设计内容及批文要求。主要技术指标是否符合规划条文要求。

（2）建筑规模、性质、建筑类别、耐火等级、抗震设防烈度、屋面防水等级、人防工程等级的确定是否准确。

（3）材料做法说明是否交代清楚。

（4）门窗表是否交代清楚。

（5）防火设计说明是否符合相应的防火规范。

（6）图例是否交代清楚。

（7）涉及使用、施工等方面需作说明的问题，是否已交代清楚。

（8）有关建筑节能设计及采用新材料、新技术的情况是否交代清楚。

2.封面

主要反映工程名称与甲、乙两方的公司名称和标志。

3.目录

主要反映整套工程图中的每页内容（图名、图号、页数）。

二、任务要求

绘制和编写封面、目录及设计说明。

三、任务准备

设计图的准备可按上文中所提到的家居空间工程图设计说明编写要点查找工程项目中相关信息。

四、任务实施

1.绘制和编写家居空间工程图图纸封面

绘制和编写家居空间工程图图纸封面（图3-1-1）。

家居空间CAD工程图

XXX一期3#楼C户型
装饰施工图

XXXX艺术设计股份有限公司

设计阶段：施工图
出图时间：20XX.XX.XX

图3-1-1　建筑装饰工程图图纸封面

2.编写家居空间工程图图纸目录

编写家居空间工程图图纸目录见表3-1-1。

表3-1-1　家居空间工程图图纸目录

序号	图纸名称	图号	图幅	备注
1	封面		A2	
2	图纸目录	ML-01	A2	
3	设计说明	ML-02	A2	
4	设计说明	ML-03	A2	
5	材料表	ML-04	A2	
6	原始平面图	P-01	A2	
7	平面布置图	P-02	A2	
8	墙体拆除图	P-03	A2	

续表

序号	图纸名称	图号	图幅	备注
9	隔墙尺寸图	P-04	A2	
10	地面铺装图	P-05	A2	
11	天花布置图	P-06	A2	
12	灯具定位图	P-07	A2	
13	灯具连线图	P-08	A2	
14	强电布置图	P-09	A2	
15	弱电布置图	P-010	A2	
16	水路定位图	P-011	A2	
17	平面索引图	P-012	A2	
18	客厅、餐厅立面图	E-01	A2	
19	走廊立面图	E-02	A2	
20	主卧立面图	E-03	A2	
21	卧室立面图	E-04	A2	
22	厨房立面图	E-05	A2	
23	卫生间立面图	E-06	A2	
24	节点大样图	D-01	A2	
25	节点大样图	D-02	A2	
26	节点大样图	D-03	A2	

3.编写设计说明

下文为编写家居空间工程图设计说明的范例。

一、工程概况

1.1　工程名称：×××一期3#楼C户型装饰工程

1.2　业主/甲方：×××

1.3　设计阶段：工程图

二、设计依据

2.1　本工程工程图纸依据甲方提供的原建筑图纸进行绘制。

2.2　本工程工程图纸均经甲方认可并同意。

2.3　国家现行建筑内部装饰设计防火规范

2.3.1《建筑设计防火规范（2018年版）》GB 50016—2014；

2.3.2《建筑内部装修设计防火规范》GB 50222—2017；

2.3.3《室内设计资料集》中国建筑工业出版社；

2.3.4 《建筑装修防火设计手册》中国建筑工业出版社；

2.3.5 《室内装饰工程手册》中国建筑工业出版社；

2.3.6 《民用建筑工程室内环境污染控制标准》GB 50325—2020；

2.3.7 《无障碍设计规范》GB 50763—2012；

2.3.8 严格执行现行的中华人民共和国工程建设标准强制性条文的规定。

三、图纸内容及设计规范

3.1 图纸内容

3.1.1 平面、天花、墙体定位及地面铺装图；

3.1.2 立面图；

3.1.3 大样图。

3.2 设计范围

3.3 样板间

四、制图规范及图纸说明

4.1 制图规范

4.1.1 图纸编号及目录。

4.2 图纸比例

4.2.1 平面部分1:70；

4.2.2 立面部分1:40；

4.2.3 大样部分1:10，1:8，1:6，1:4，1:1。

4.3 图纸说明

4.3.1 本图所示墙柱等相对尺寸为控制性尺寸，具体尺寸依现场放样而定；

4.3.2 本图除特殊注明外，标高单位为m，其他单位为mm；

4.3.3 各层天花标高为本层地面的相对高度，装饰完成面层为本地面标高±0.000，天花标高为装饰完成面实际高度；

4.3.4 本图涉及的空调出、回风口除特殊注明外均为白色烤漆铝合金，检修口同天花材质及颜色；

4.3.5 本图与结构、空调、消防、弱电有冲突之处，需各工种现场协调解决；

4.3.6 有关土建部分的拆改配合应与甲方洽商、校核；

4.3.7 空调、消防、通风、电气位置均以专业图纸为准，附属条件图仅供参考；

4.3.8 本工程油漆除特殊注明外应先做样板，经现场设计人员及甲方代表确认后方能正式施工。

五、装饰构造设计说明

5.1 本工程做法除图纸要求外，未经注明的部分应参见《建筑构造通用图集（88J）》和高级装饰工程施工做法，严格遵守国家现行的质量验收标准规范的要求。

5.2　本图涉及的钢材构件除不锈钢外，应做防锈处理三遍以上。

5.3　本图涉及的木做部分含木龙骨及各种衬板应做防火处理，面板在背面做防火处理，防火处理/防火涂料三遍以上。

5.4　本图涉及的石材部分应做进口五面防护三遍以上。

5.5　本图涉及的隐蔽部分应按消防规范做一级防火处理。

5.6　卫生间金属结构做防锈处理，木做部分做防潮处理。

六、施工说明

6.1　墙面材料（详见工程立面图）

6.1.1　装饰木夹板墙面

3厚装饰面板或其他材质（见立面图示）；

5mm/9mm/12mm/18mm木夹板衬层；

木/轻钢龙骨基层外12mm纸面石膏板衬。

6.1.2　瓷砖墙面

同质瓷砖面层；

3厚水泥掺107胶结合层；

20厚1∶3水泥砂浆打底找平。

6.1.3　油漆面层

参照双方确认的样板。

6.2　木/轻钢龙骨按规范布置间距，石膏板面层厚度以天花剖面为准。

6.3　卫生间防水

凡墙体砌筑处，内侧刷911防水涂料三遍（公共卫生间沿墙翻起30mm，淋浴卫生间沿墙翻起1800mm）。

6.4　室内地坪

6.4.1　地砖

20厚地砖密缝铺贴；

30厚1∶3水泥砂浆找平。

七、防火设计

7.1　设计原则及依据

7.1.1　本次设计的防火、防烟及人员疏散应重视各项消防措施。

7.1.2　建筑内部装修设计防火是建筑设计防火工作的一部分。一般情况下，各类建筑首先应符合现行的建筑设计防火规范的要求。另外，除了符合建筑内部装修设计防火规范的有关规定外，尚应符合现行的有关国家设计标准和规范的要求。

建筑内部各部位装修材料的燃烧性能等级规定如下表所示。

建筑内部各部位装修材料的燃烧性能等级表

建筑物	建筑性质	装修材料燃烧性能等级							其他装饰材料
		天花	墙面	地面	隔断	固定家具	装饰织物		
							窗帘	软包	
住宅、普通旅馆	一类建筑高级住宅	A	B1	B2	B1	B2	B1	B2	B1

7.2 装饰施工注意事项

7.2.1 每层保证有畅通的出口通向疏散楼梯，在安全出口及疏散楼梯处均设有疏散指示灯及明显标志，内装修不得妨碍消防设施。

7.2.2 建筑内部消火栓门不应被装饰物遮蔽，消火栓门四周的材料颜色应有明显区别。

7.2.3 当照明灯具的高温部位靠近非A级材料时，应采取隔热、散热等防火保护措施，灯饰使用材料的燃烧性能不应低于B1级。

7.2.4 所选织物应进行防火阻燃处理。

7.2.5 变形缝两侧的基层采用A级材料。

7.2.6 配电箱安装在不低于B1级的装饰材料上。

7.2.7 其他施工工序，工艺应遵循国家有关消防规定。

7.2.8 由于本样板间为非实体样板间，墙面、顶面后期配饰有装饰挂件、挂画、吊顶等，需要进行加固处理。

八、通用设计说明

详见工程图纸。

九、图纸未尽之处根据现场实际情况，按国家公布的《建筑内部装修设计防火规范》施工，并及时与设计师联系。

十、以上说明如有遗漏及未尽之处，请参阅《木结构工程施工质量验收规范》《建筑防腐蚀工程施工规范》《建筑装饰装修工程质量验收标准》《建筑地面工程施工质量验收规范》等有关国家规范及标准。

十一、如有关方面发现本套图纸有错误、遗漏及对本套图纸有疑问或修改意见，可以书面文本方式通知设计部门，切勿随意更改图纸，或随意更改施工工艺，如有随意施工后果自负。

五、绘制空间平面图

1.绘制前的准备工作

（1）现场丈量，绘制草图（附有窗立面图、配电箱和电信箱设备立面图），如图3-1-2所示。

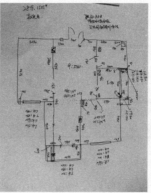

图3-1-2　现场绘制草图

（2）绘图前的软件设置

① 安装好AutoCAD软件，如果版面不符合绘图习惯，调试使之符合绘图习惯。调入准备好的样板文件。

② 调入准备好的相关插件，目的在于提高绘图效率。

③ 准备好室内平面图、立面图图库。

2.墙体放线（原始尺寸图）

在模型空间将现场丈量绘制的草图绘制出来，并标注尺寸（复杂的商业空间可能还需要绘制柱子和中轴线，有轴线的要标注轴线号，方便施工工人定位查找）。

此阶段主要绘制外墙（厚度多为240mm或者300mm），窗、门开口（不画门，只开口），内墙（厚度多为50mm、80mm、100mm、150mm），多为直线，偶有曲线（图3-1-3）。

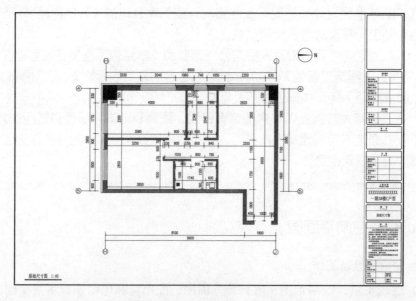

图3-1-3　完成原始尺寸图绘制

3.绘制墙体拆改图

在布局空间放置A3图框，按快捷键CO复制"原始尺寸图"的视口放到图框内，退到布局空间更改图号、图名及比例，再次进入模型空间进行绘制。

一般根据设计草图对内部隔墙进行绘制（厚度多为50mm、80mm、100mm、150mm）。

（1）在无墙处建新墙；

（2）将旧墙拆除建成新墙；

（3）将旧墙拆除；

（4）根据墙的类型进行相应填充（用细斜线、细网线、砖墙线等区分不同类型的墙）；

（5）在模型空间内，在内墙标注图层上标注内墙尺寸；

（6）在布局空间中绘制墙体材料说明表放在左下角或右下角；

（7）回到"原始尺寸图"，双击进入模型空间中关闭墙体拆改所涉及的图层和内墙标注图层；

（8）添加墙体图例；

（9）完成图面绘制（图3-1-4）。

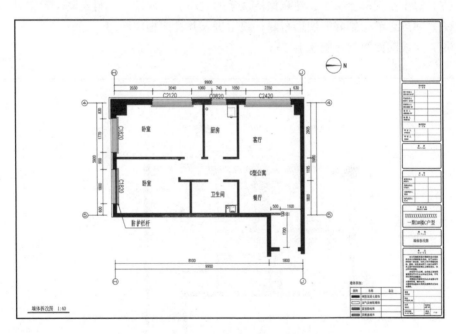

图3-1-4 完成墙体拆改图的绘制

4.绘制平面布置图

在布局空间放置A3图框，按快捷键CO复制"墙体拆改图"的视口放到图框内，关闭内墙标注图层，退到布局空间更改图号、图名及比例，再次进入模型空间进行绘制。

一般平面布置图会根据设计草图进行绘制。

（1）绘制墙体完成面（墙面有石材或者木材造型）；

（2）绘制门洞处（包括门框、门板、门轨迹线、拉门及拉门方向箭头）；

（3）新建图形文件，调入样板文件；

（4）绘制过门石线条（一般在大门入口处、卫生间、厨房等需要防止水漫流的地方，宽度一般与墙体完成面保持在同一平面）；

（5）打开图库，找到需要放置的图块，带基点复制，然后粘贴到新建的图形文件中（这样做能得到相应的图层信息），进行分解后放到相应图层，修改成相应的颜色，最后成块粘贴，带基点复制到平面布置图中放在合适的位置。

① 活动家具距离墙面统一为10mm。

② 窗帘处应该留出窗帘盒的宽度：单层窗帘150～180mm，双层窗帘200～240mm。

③ 固定家具（包括成品衣柜和定制衣柜）需紧贴墙面。

④ 家具之间的间距应符合人体工程学。

（6）洁具虽然属于家具，却也应该新建一个图层，放置时也遵守固定家具的摆放原则。

（7）每个空间标上文字，注意保持文字的大小、方向统一，且不易压到家具上。

（8）回到之前绘制好的图形布局，双击进入并关闭相应图层。

（9）完成图面绘制（图3-1-5）。

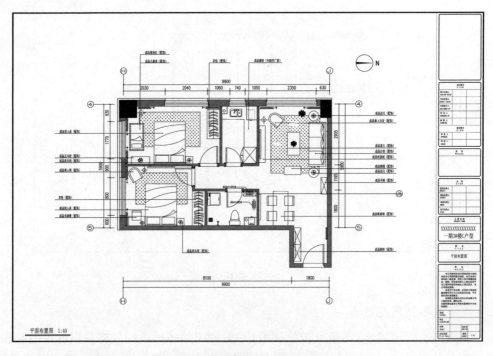

图3-1-5　完成平面布置图的绘制

5.绘制地面铺装图

在布局空间放置A3图框,按快捷键CO复制"平面布置图"的视口放到图框内,退到布局空间更改图号、图名及比例,再次进入模型空间进行绘制。

(1)在模型空间制作家具轮廓线(虚线),放到地面"家具轮廓线"图层。

(2)在模型空间单独绘制"地毯",放到"地面铺装图层",然后复制到布置图。

(3)将家具轮廓线(虚线)复制到平面图上,关闭家具图层。

(4)关闭门、门轨迹线图层,保留"门框"图层。

(5)绘制地面轮廓线(主要是波导线和砖缝线)。

(6)根据地面材质填充(有些地砖线、地板线可以自定义填充图样,务必保证对称、精确、可视)。

(7)回到布局空间进行引线,标注地面材料。

(8)添加材料图例。

(9)回到之前绘制好的图形布局,双击进入并关闭相应图层。

(10)完成图面绘制(图3-1-6)。

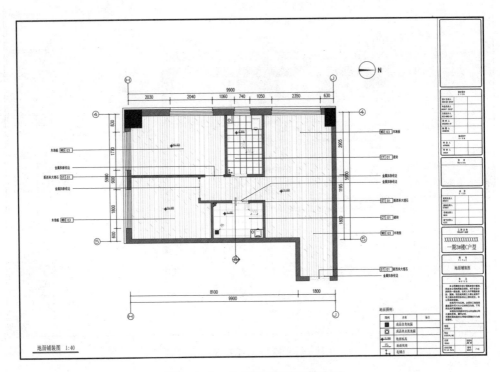

图3-1-6　完成地面铺装图的绘制

6.绘制天花布置图

在布局空间放置A3图框,按快捷键CO复制"平面布置图"的视口放到图框内,退到布局空间更改图号、图名及比例,做好灯具材料表格放在图框右下角,再次进入模型空间进行绘制。

（1）将门、门轨迹线图层关闭，绘制门线和门上方的墙线（门到顶则没有，如到顶上悬挂式拉门叫作门轨道线），放到天花相应图层内。

（2）将家具、洁具图层关闭，在有天花造型的空间绘制"天花轮廓线"及偏移出"天花细线"，在天花轮廓线外用虚线绘制"暗藏灯带"。（如有定位需要，可将家具图层打开绘制完毕后再关闭。）

（3）对需要突出材料的部分天花进行填充。

（4）添加灯具。

（5）退到布局空间进行材料标注，标明材料信息和标高。

（6）添加天花图例。

（7）回到之前绘制好的图形布局，双击进入并关闭相应图层。

（8）完成图面绘制（图3-1-7）。

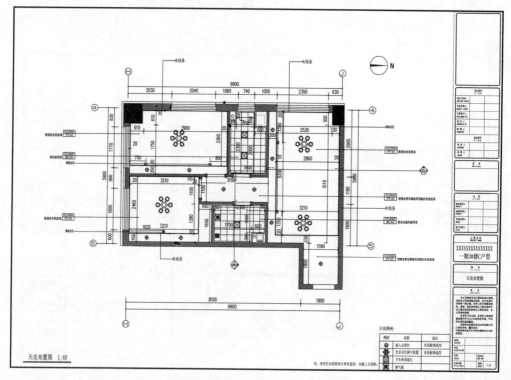

图3-1-7　完成天花布置图的绘制

7.灯具连线图

在布局空间放置A3图框，按快捷键CO复制"天花布置图"的视口放到图框内，退到布局空间更改图号、图名及比例，做好灯具样式表格放在图框右下角，再次进入模型空间进行绘制。

（1）建立灯具连线图层，执行直线（L）命令，将设计为统一控制的灯具进行连线。

（2）在墙体上放置开关图块，并将其与灯具连线合并。

（3）添加开关图例。

（4）回到之前绘制好的图形布局，双击进入并关闭相应图层。

（5）完成图面绘制（图3-1-8）。

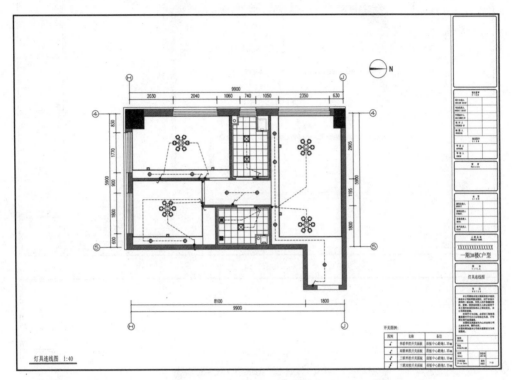

图3-1-8　完成灯具连线图的绘制

8.强、弱电配置图

强、弱电配置图其实就是插座配置图。

在布局空间放置A3图框，按快捷键CO复制"平面布置图"的视口放到图框内，退到布局空间更改图号、图名及比例，做好强、弱电材料表格放在图框右下角，再次进入模型空间进行绘制。

（1）选取各种插座的图块。

（2）在墙体上放置各种插座图块。

（3）标注彼此间距和距离最近墙面或开口的间距。

（4）标注离地高度。

（5）回到之前绘制好的图形布局，双击进入并关闭相应图层。

（6）完成图面绘制（图3-1-9）。

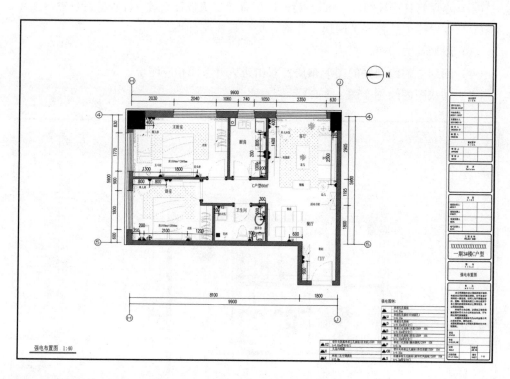

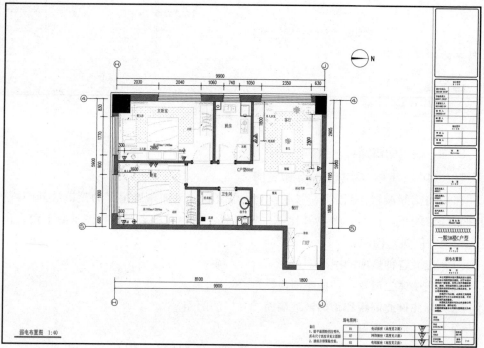

图3-1-9　完成强、弱电配置图的绘制

9.水路定位图

在布局空间放置A3图框，按快捷键CO复制"平面布置图"的视口放到图框内，退到布局空间更改图号、图名及比例，做好给排水表格放在图框右下角，再次进入模型空间进行绘制。

（1）放置给排水图例（冷水出水口、热水出水口、冷热水出水口、浴缸台面冷热水、淋浴冷热水）。

（2）标出离地高度。

（3）回到之前绘制好的图形布局，双击进入并关闭相应图层。

（4）完成图面绘制（图3-1-10）。

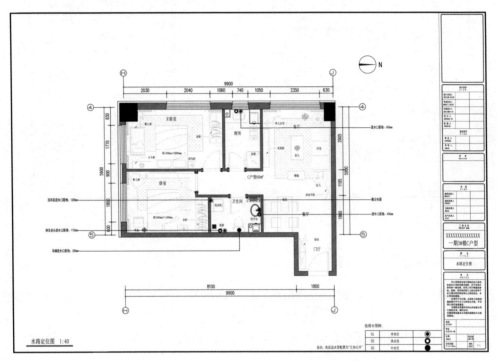

图3-1-10　完成水路定位图的绘制

10.立面大样索引图

在布局空间放置A3图框，按快捷键CO复制"平面布置图"的视口放到图框内，退到布局空间更改图号、图名及比例，再次进入模型空间进行绘制。

（1）关闭外墙尺寸标注。（因为立面图中有尺寸，所以用不着，关闭后看起来更简洁些。）

（2）回到布局图层，在标注位置绘制出构造线，在图例表中找到立面剖切索引符号（动态图块），复制到相应位置进行调整。

（3）对要画立面的部位都进行索引（单个空间的索引可用一个顺时针方向旋转的四个立面索引符号进行标识）。

（4）对重点表达的空间用粗虚线框选进行标识（应用大样图索引符号）。

（5）回到之前绘制好的图形布局，双击进入并关闭相应图层。

（6）完成图面绘制（图3-1-11）。

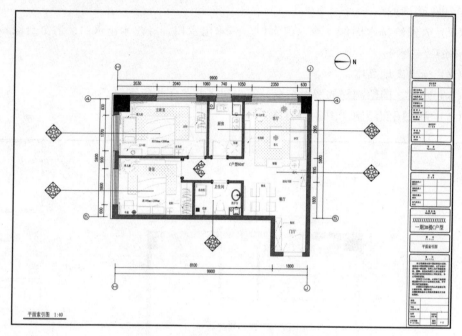

图3-1-11 完成立面大样索引图的绘制

六、绘制空间立面图

在布局空间放置A3图框，退到布局空间更改图号、图名及比例，再次进入模型空间进行绘制。

（1）根据现场实际尺寸，画出该立面的外框，若该立面有门窗应把门窗位置同时画出。

（2）根据天花图画出该立面相应位置的天花剖面（天花剖面需先根据天花图标高所示尺寸，按其结构利用直线、偏移、复制命令绘出）。

（3）根据立面设计定出墙体造型的外轮廓线。

（4）根据立面设计细化墙体造型的各部分内轮廓。

（5）根据立面造型所用材料填充相应图样（填充时注意调整填充比例，切忌填充过密，影响图纸清晰度）。

（6）在相应位置摆放灯具、家具、装饰品、植物等软装部分（多数软装都从图库直接复制，但有些特别的雕花图案需根据实际需要标出。注意从图库复制时检查软装图案尺寸与实际大小是否相符，若不相符使用缩放命令进行缩放）。

（7）详细标注各部分尺寸（标注尺寸时可使用连续标注命令）。

（8）根据设计标注各部分所用材料。

（9）标注图名与比例。

（10）回到之前绘制好的图形布局，双击进入并关闭相应图层。

（11）完成图面绘制（图3-1-12～图3-1-17）。

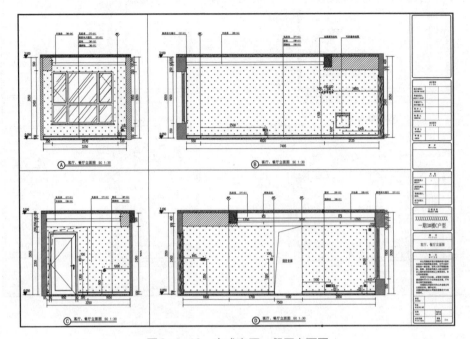

图3-1-12　完成客厅、餐厅立面图

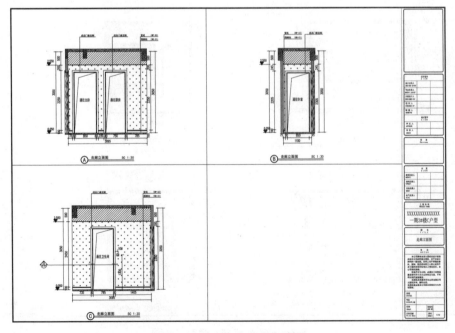

图3-1-13　完成走廊立面图

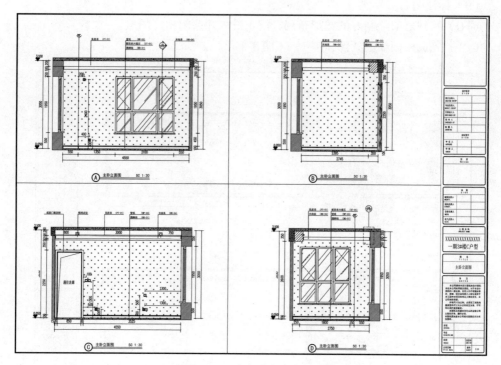

图3-1-14　完成主卧立面图

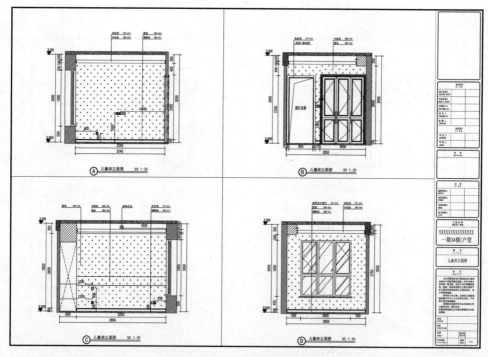

图3-1-15　完成儿童房立面图

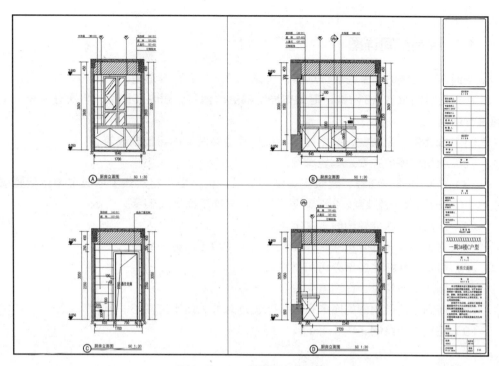

图3-1-16　完成厨房立面图

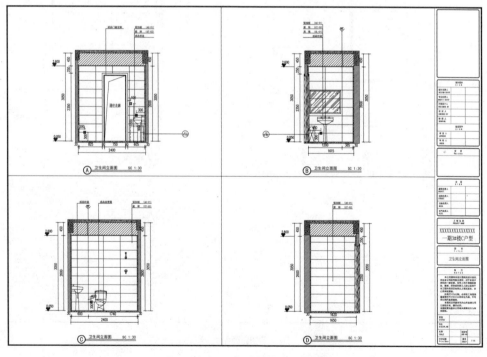

图3-1-17　完成卫生间立面图

七、绘制空间详图

空间详图反映的是室内装饰墙体、天花、地面、家具等造型内部结构。

在布局空间放置A3图框，退到布局空间更改图号、图名及比例，再次进入模型空间进行绘制。

（1）选比例，定图幅，画出地面、楼板及墙面两端的定位轴线等。

（2）画出墙面的主要造型轮廓线。

（3）描粗并整理图线，建筑主体结构的梁、板、墙用粗实线；墙面主要造型轮廓线用中实线；次要的轮廓线如装饰线、浮雕图案等用细实线表示。

（4）画出墙面次要轮廓线、文字说明。

（5）详细标注各部分尺寸（标注尺寸时可使用连续标注命令）。

（6）根据设计标注各部分所用材料。

（7）标注剖面符号、详图索引符号、图名与比例。

（8）回到之前绘制好的图形布局，双击进入并关闭相应图层。

（9）完成图面绘制（图3-1-18、图3-1-19）。

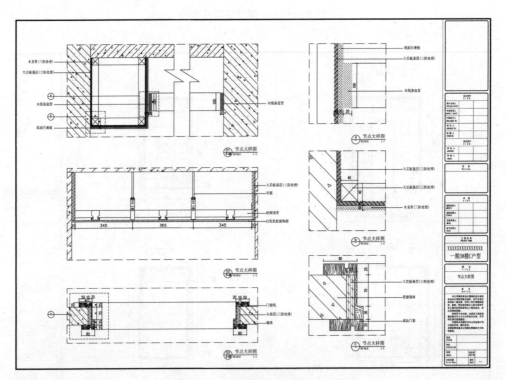

图3-1-18　完成节点大样图（一）

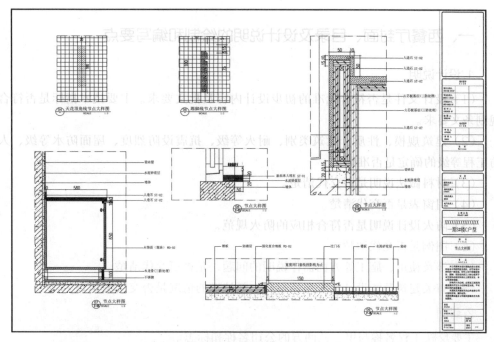

图3-1-19　完成节点大样图（二）

八、家居空间工程图设计实例抄绘

任务要求

（1）按照本项目中所讲的步骤和方法抄绘一遍。

（2）抄绘完毕按照图纸的序号给全部抄绘的图纸进行分类整理。

（3）抄绘过程中注意图纸的图框和线型比例使用的正确性。

项目二：餐饮空间工程图设计与制作实例

学习目标：

　　通过学习餐饮空间——西餐厅工程图的绘制，了解全套工程图的绘制方法，初步具备绘制成套工程图纸的能力。包括：绘制和编写西餐厅工程图的封面、目录及设计说明；绘制西餐厅顶棚及地面铺装图；绘制西餐厅插座平面图；绘制西餐厅立面图及详图。

一、西餐厅封面、目录及设计说明的绘制和编写要点

1.设计说明

（1）设计文件是否符合批准的初步设计内容及批文要求。主要技术指标是否符合规划条文要求。

（2）建筑规模、性质、建筑类别、耐火等级、抗震设防烈度、屋面防水等级、人防工程等级的确定是否准确。

（3）材料做法说明是否交代清楚。

（4）门窗表是否交代清楚。

（5）防火设计说明是否符合相应的防火规范。

（6）图例是否交代清楚。

（7）涉及使用、施工等方面需作说明的问题，是否已交代清楚。

（8）有关建筑节能设计及采用新材料、新技术的情况是否交代清楚。

2.封面

主要反映工程名称与甲、乙两方的公司名称和标志。

3.目录

主要反映整套工程图中的每页内容（图名、图号、页数）。

二、任务要求

绘制和编写出封面、目录及设计总说明。

三、任务准备

设计图的准备可按上文中所提到的西餐厅工程图设计说明编写要点查找工程项目中相关信息。

西餐厅CAD工程图

四、任务实施

1.绘制和编写西餐厅工程图图纸封面

绘制和编写西餐工程图图纸封面见图3-2-1。

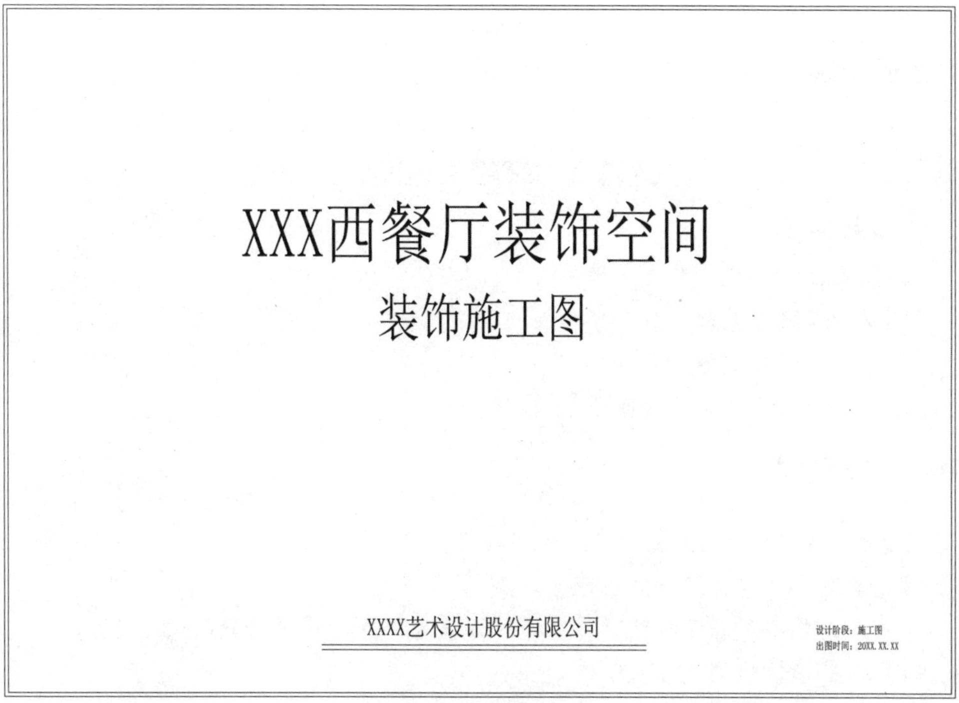

図 3-2-1　图纸封面

2.编写西餐厅工程图图纸目录

编写西餐厅工程图图纸目录（图3-2-2）。

序号	图名	图号	比例
00	封面		
01	施工说明		
02	图纸目录		
03	图例表		
04	材质表		
05	原始建筑平面图	0B	1:200
06	平面布置图	FF	1:200
07	平面大样图	PW	1:200
08	立面索引平面图	PW	1:200
09	地面铺设平面图	FC	1:200
10	天花设计平面图	RC	1:200
11	天花大样图	RC	1:200
12	灯具定位图	RC	1:200
13	开关控制平面图	EM	1:200
14	插座布置平面图	EM	1:200
15			
16	前厅走廊A、B立面图	E-100	1:80
17	前厅走廊C、D立面图	E-100	1:80
18	A区A、C立面图	E-101	1:60
19	A区B立面图	E-101	1:130
20	A区D立面图	E-101	1:130
21	A区D立面图	E-101	1:80
22	服务区立面图	E-102	1:60
23	B区B立面图	E-103	1:60
24	C区B、D立面图	E-104	1:60
25	D区B、D立面图	E-105	1:110

序号	图名	图号	比例
26	E区立面图	E-106	1:80
27	F区立面图	E-107	1:70
28	过道一A、C、D立面图	E-108	1:100
29	过道二B、D立面图	E-109	1:110
30	包间一立面图	E-110	1:50
31	包间二立面图	E-111	1:50
32	包间三立面图	E-112	1:50
33	包间四立面图	E-113	1:50
34	包间五立面图	E-114	1:50
35	包间六立面图	E-115	1:50
36	包间七立面图	E-116	1:50
37	包间八立面图	E-117	1:50
38	过道三A、C立面图	E-118	1:70
39	包间九立面图	E-119	1:50
40	包间十立面图	E-120	1:50
41	包间十一立面图	E-121	1:50
42	包间十二立面图	E-122	1:50
43	包间十三立面图	E-123	1:50
44	包间十四立面图	E-124	1:50
45	包间十五立面图	E-125	1:50
46	包间十六立面图	E-126	1:50
	过道五A、C立面图	E-127	1:70
47	过道四B、D立面图	E-128	1:110
48	包间十七立面图	E-129	1:50
49	包间十八立面图	E-130	1:60
50	包间十九立面图	E-131	1:60
51	包间二十立面图	E-132	1:60
52	包间二十一立面图	E-133	1:60

序号	图名	图号	比例
53	女洗手间A、B立面图	E-134	1:60
54	女洗手间C、D立面图	E-134	1:60
55	女卫生间立面图	E-135	1:60
56	男洗手间立面图	E-136	1:60
57	男卫生间立面图	E-137	1:60
65			
66	天花节点图	D-101	1:10
67	钢琴台天花节点详图	D-102	1:15
68	收银台节点详图	D-103	1:30
69	服务台节点详图	D-104	1:40
70	服务台背景节点详图	D-105	1:60
71	墙面节点详图	D-106	1:5
72	墙面节点图	D-107	1:10
73	柱子节点详图	D-108	1:20
74	家具节点详图	D-109	1:10
75	家具节点详图	D-109	1:10
76	窗饰详图	D-111	1:20
77	景观玻璃固定详图	D-112	1:7
78	洗脸台节点详图	D-113	1:7
79	地面点详图	D-114	
80	隔断节点详图	D-115	1:5
81			
82	封底		

図 3-2-2　图纸目录

3.编写设计说明

建筑室内装修工程图设计说明

1.工程概况

（1）本工程为室内装修工程。

（2）本工程为重建工程。

（3）装修设计单位。

（4）设计阶段：室内装修工程图。

2.设计依据

（1）依据双方签订的装修合同及甲方提供的相关图纸、现场状况。

（2）依据《建筑设计防火规范》。

《建筑内部装修设计防火规范》。

《中华人民共和国工程建设标准强制性条文》房屋建筑部分。

《建筑构造资料集》。

《民用建筑工程室内环境污染控制规范》。

《建筑装修防火设计材料手册》。

《建筑装饰装修工程质量验收规范》。

（3）施工单位必须按图施工，对设计单位指定之面材需做一套样板，得到业主与设计方认可，方可备料施工。

（4）消防部分依据原设计单位图，不作调整。

3.图纸说明

（1）此工程图包含装修部分、上下水部分、给排水部分、通风空调及强弱电部分，消防部分由专业消防公司提供图纸并符合相关规范规定。

（2）本图所示与墙、柱等相对尺寸为控制尺寸，标高、位置、尺寸必须现场放线而定，而且须由设计人员认定后方可施工。

（3）所有图例尺寸查核与现场有差距，或与图例有区别时，施工者必须与技术人员联系，做尺寸修正或修正方案，以补充或变更设计图例作为最新工程图。

（4）标高均为装饰层面标高，天花标高为从本层地面起算的相对标高。

（5）天花部分须完成设备施工和照明施工。

（6）所有隐蔽工程木作部分均按国家有关规定刷防火、防腐漆。防火涂料应到消防部门指定的销售点购买，并附有质量检测报告后方可封闭。

（7）本工程选用材料必须由业主与设计师共同认可，并符合国家有关建筑装修材料有害物质限量标准的规定。

（8）本工程图中与空调、电器、给排水、消防有冲突之处，需协调各专业工程现场解决。

（9）施工中设计师有权对所有图纸做局部调整（在与业主及建筑师协商同意的基础上）。

（10）本工程工程图尺寸以毫米（mm）为单位，标高以米（m）为单位。

（11）本工程所用装饰材料必须符合环保要求，严禁使用国家明令淘汰的材料。

（12）各装饰工序必须严格按国家《建筑装饰装修工程质量验收标准》（GB 50210—2018）执行。

4.材料说明

（1）材料要求。本工程采用的油漆、人造板材、涂料、胶黏剂、防水材料等必须符合环保要求方可使用。

（2）材料的分类和要求。

（3）轻钢龙骨类。

使用要求：

① 钢龙骨按照有关要求施工。

② 天花全部采用600mm×600mm矿棉吸音板吊顶，天花轻钢龙骨与主吊筋间距不能大于900mm，主龙骨间距为900mm，次龙骨间距不能大于200～400mm。

③ 吊挂件必须具有防锈能力。

④ 石膏板采用北新建材龙牌12mm厚纸面石膏板，操作间隔断墙面采用轻钢龙骨外封12mm厚水泥压力板，外挂铁丝网抹1：2水泥砂浆后粘贴瓷砖。

⑤ 龙骨排布应考虑检修口、风口、灯具孔位置。吊筋用膨胀螺栓固定，不得挂钩，不得与管道固定，吊筋要拉直，刷防锈漆，自攻螺丝要点防锈漆。石膏板接缝要求留3～5mm收口缝，用专用嵌缝石膏补平后粘贴纤维胶带，吊顶内所有木制品必须刷防火涂料。

⑥ 门扇采用木工板骨架外封九厘板，防火板饰面，60mm×8mm红榉木实木线条收口。

（4）防水、防潮、防火处理。

① 室内隔墙表面木作部分均需做防火处理（防火涂料2度并均匀涂刷）。

② 沙拉房、操作间防水必须进行24小时闭水试验，防水层沿墙体上返300mm，闭水经物业及业主及下层业主签字认可后方可进行下道工序施工。

③ 地面砖必须严格按照规定找好排水坡度，不得出现积水现象。

5.防火设计

（1）设计原则及设计依据。

《建筑设计防火规范（2018年版）》（GB 50016—2014）；

《建筑内部装修设计防火规范》（GB 50222—2017）；

《消防安全疏散标志设置标准》（DB11/1024—2013）。

（2）本次室内装修设计原则。遵循原土建设计的防火分区、防烟分区等各项防火措施。布局不改动，只进行装修翻新、设备更新修正等工作。

（3）其他要求。由于建筑内部装修设计所涉及的材料范围较广，所以在设计时除了必须符合建筑内部装修设计防火规范的有关规定外，尚应符合现行的有关国家设计标准和强制性规范的要求。

（4）装修施工注意事项。

① 每层保证有通畅的出口通向疏散楼梯，在安全出口处及疏散楼梯处均设有疏散指示灯及明显标志，内装修不应妨碍消防设施和疏散走道的正常使用。

② 建筑内部消火栓门不应被饰物遮蔽，消火栓门四周的材料颜色应有明显的区别。

③ 当照明灯具的高温部位靠近非A级材料时，应采取隔热、散热等防火保护措施，灯饰使用材料的燃烧性能不应低于B1级。

④ 所选织物应进行防火阻燃处理。

⑤ 配电箱安装在不低于B1级的装修材料上。

⑥ 其他施工工序、工艺应遵循国家有关消防规定。

⑦ 天花龙骨根据施工单位及厂家规范施工。

⑧ 火灾事故照明和疏散指示标志可采用蓄电池作备用电源，但是连续供电时间不应少于30min。

⑨ 配电线路须采取穿金属管保护。

给排水设计施工说明

1. 设计依据

（1）建设单位提供的设计要求及市政要求。

（2）建筑及装饰提供的设计图纸。

（3）现行设计规范和设计标准。

2. 设计概况

（1）本工程为装饰配套电气工程。

（2）本设计给排水内容主要针对卫生间给排水。

3. 给排水系统

（1）本工程给水从管井经吊顶内引至卫生间，给水管均采用PP-R塑料管，热熔连接，沿吊顶内、墙体和地面垫层暗敷设。

（2）排水管排入原干管，考虑层高和现场实际问题，排水管标高根据设计坡度现场调整，坡度不小于1%，排水管材为PVC-U，胶黏连接，根据图中位置在横管上安装清扫口。

4.施工说明

（1）给水系统施工完毕做水压实验，实验压力为0.6MPa，不渗不漏后方可进行下道工序。

（2）排水管道安装完毕后按规范要求进行闭水和通球试验，满足要求后方可进行下道工序。

（3）管道金属支架均应做防腐处理。

（4）图中所注尺寸除层高外其他均为毫米（mm）。

5.其他

图中未说明的施工做法参见给排水工程图集。

施工质量应满足《建筑给水排水及采暖工程施工质量验收规范》（GB 50242—2002）。

电气设计施工说明

1.建筑概况

本工程为装饰配套电气工程。

2.设计依据

（1）建筑及装饰专业提供的作业图。

（2）业主要求。

（3）现行的国家规范、标准及行业规范、标准。

3.设计范围

本工程设计内容包括供电、照明。

4.供电系统

供电电源设在本工程高压配电室电源进线柜内。

5.照明设计

（1）灯带光源：顶棚格栅灯600mm×600mm，3×20W日光灯盘，功率因数$\cos\varphi \geqslant 0.90$。

（2）所有灯管采用20W高效日光灯；采用电子镇流器或电感镇流器加电容补偿；功率因数$\cos\varphi \geqslant 0.9$。

（3）灯开关安装高度底边距地面1.4m。

6.设备选型与安装

（1）配电柜：配电采用TN-S供电系统。

（2）所有插座底边距地面0.3m。

7.配电系统导线选择与敷设

本工程电线电缆均采用国标阻燃铜芯塑料绝缘型，线路沿金属线槽或穿钢管暗敷于吊顶及墙内，管材须选用经消防等部门批准的产品。

8.其他

施工过程中如与其他专业发生矛盾，请各专业现场协商解决。

施工细节请参照《现代建筑电气工程通用标准图集》。

五、绘制空间系统平面图

1.原始平面图

在模型空间将现场丈量画的草图绘制出来并标注尺寸（复杂的商业空间可能还需要绘制柱子和中轴线，有轴线的要标注轴线号，方便施工工人定位查找）。

此阶段主要绘制外墙（厚度多为240mm或者300mm），窗、门开口（不画门，只开口），内墙（厚度多为50mm、80mm、100mm、150mm），多为直线，偶有曲线（图3-2-3）。

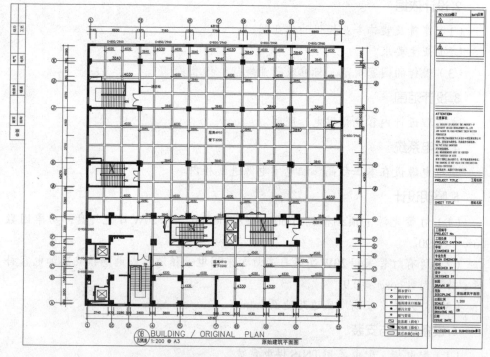

图3-2-3 原始建筑平面图

2.平面布置图

在模型空间放置A3图框，按快捷键CO复制"原始建筑平面图"的视口放到图框内，更改图号、图名及比例，开始进行绘制。

公共空间的平面布置图同样根据设计草图进行布置。

（1）绘制墙体完成面（在墙面有石材或者木材造型时）。

（2）绘制门洞处门（包括门框、门板、门轨迹线、拉门及拉门方向箭头）。

（3）新建图形文件，调入样板文件。

（4）打开图库，找到需要放置的图块，带基点复制，然后粘贴到新建的图形文件中（这样做能得到相应的图层信息），进行分解后放到相应图层，修改成相应的颜色，最后成块粘贴，带基点复制到平面布置图中并放在合适的位置。

① 活动家具距离墙面统一为10mm。

② 固定家具（包括成品衣柜和定制衣柜）需紧贴墙面。

③ 家具之间的间距应符合人体工程学。

（5）每个空间标上文字，注意保持文字的大小、方向统一，且不宜压到家具上。

（6）完成图面绘制（图3-2-4）。

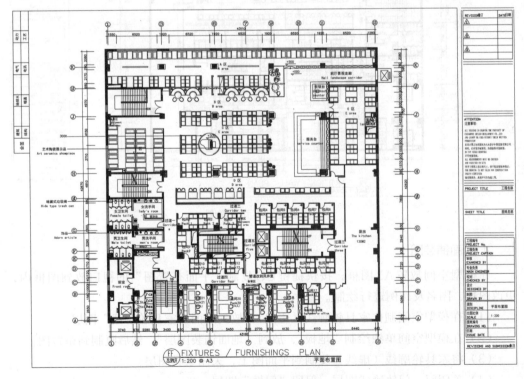

图3-2-4　平面布置图

3.平面大样图

公共空间项目由于现场结构情况比较复杂，设计师通常会在完成平面布置图后进行平面大样图的绘制，以便获取更加详细的数据信息。

在模型空间放置A3图框，按快捷键CO复制"平面布置图"的视口放到图框内，更改图号、图名及比例，开始进行绘制。

（1）每个空间标上尺寸和文字，注意保持文字的大小、方向统一，且不宜压到家具上。

（2）完成图面绘制（图3-2-5）。

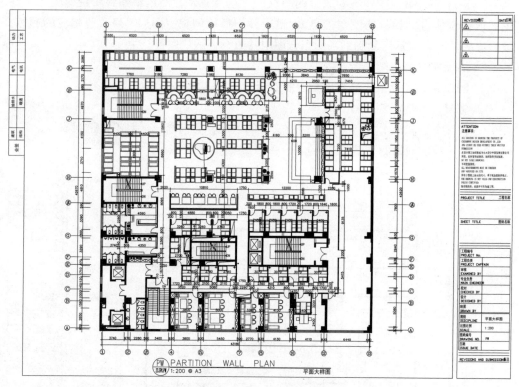

图3-2-5　平面大样图

4.地面铺装图

在模型空间放置A3图框，按快捷键CO复制"平面布置图"的视口放到图框内，更改图号、图名及比例进行绘制。

（1）在模型空间制作家具轮廓线（虚线），放到地面"家具轮廓线"图层。

（2）在模型空间单独绘制"地板"，放到"地面铺装图层"，然后复制到布置图。

（3）将家具轮廓线（虚线）复制到平面图上，关闭家具图层。

（4）关闭门、门轨迹线图层，保留"门框"图层。

（5）绘制地面轮廓线（主要是波导线和砖缝线）。

（6）根据地面材质填充（有些地砖线、地板线可以自定义填充图样，务必保证对称、精确、可视）。

（7）添加材料图例。

（8）完成图面绘制（图3-2-6）。

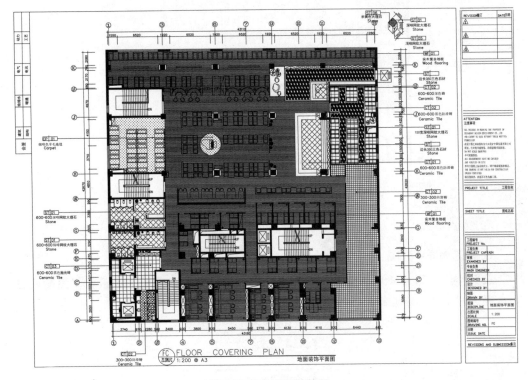

图3-2-6　地面铺装图

5.天花设计平面图

在模型空间放置A3图框，按快捷键CO复制"平面布置图"的视口放到图框内，更改图号、图名及比例，做好灯具材料表格放在图框右上角，开始进行绘制。

（1）将门、门轨迹线图层关闭，绘制门线和门上方的墙线（门到顶则没有，如到顶上悬挂式拉门叫作门轨道线），放到天花相应图层内。

（2）将家具、洁具图层关闭，在有天花造型的空间绘制"天花轮廓线"及偏移出"天花细线"。（如有定位需要，可将家具图层打开绘制完毕后再关闭。）

（3）对需要突出材料的部分天花进行填充。

（4）添加灯具。

（5）进行材料标注，注明材料和标高。

（6）添加天花图例。

（7）完成图面绘制（图3-2-7）。

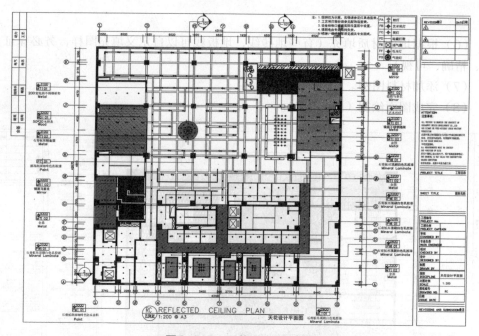

图3-2-7 天花设计平面图

6.天花大样平面图

公共空间项目由于现场结构情况复杂，设计师通常会在完成天花设计平面图后进行天花大样平面图的绘制，以便获取更加详细的数据信息（图3-2-8）。

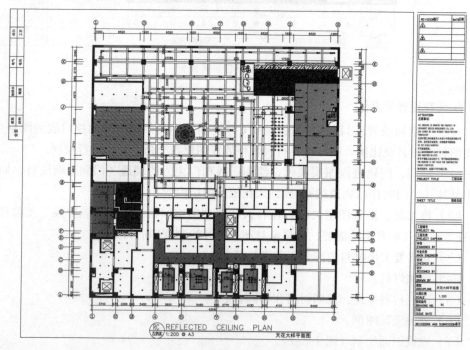

图3-2-8 天花大样平面图

7. 天花灯具定位平面图

在模型空间放置A3图框，按快捷键CO复制"天花设计平面图"的视口放到图框内，更改图号、图名及比例，进行灯具尺寸定位的绘制（图3-2-9）。

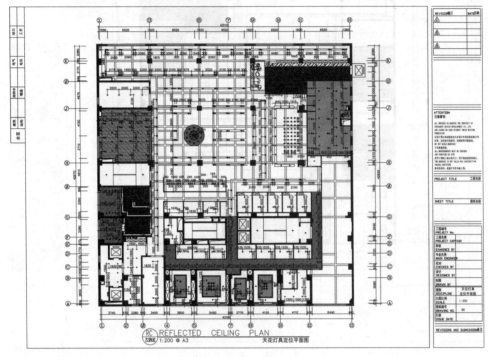

图3-2-9　天花灯具定位平面图

8. 开关控制平面图

在模型空间放置A3图框，按快捷键CO复制"天花设计平面图"的视口放到图框内，更改图号、图名及比例，做好灯具样式表格放在图框右上角进行绘制。

（1）建立灯具连线图层，执行直线（L）命令，将设计为统一控制的灯具进行连线。

（2）在墙体上放置开关图块，并将其与灯具连线合并。

（3）添加开关图例。

（4）完成图面绘制（图3-2-10）。

9. 插座平面图

在模型空间放置A3图框，按快捷键CO复制"平面布置图"的视口放到图框内，更改图号、图名及比例，做好强、弱电材料表格放在图框右侧，开始进行绘制。

（1）选取各种插座的图块。

（2）在墙体上放置各种插座图块。

（3）标注彼此间距和距离最近墙面或开口的间距。

（4）标注离地高度。

（5）完成图面绘制（图3-2-11）。

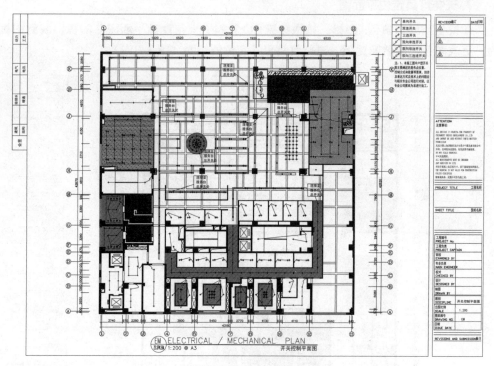

图3-2-10 开关控制平面图

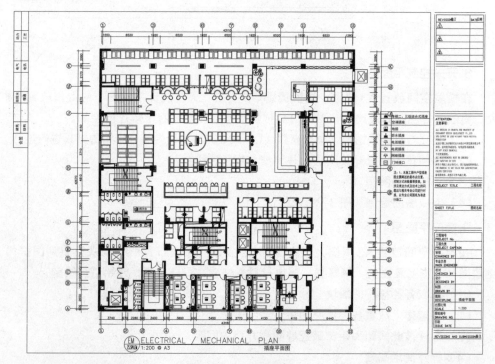

图3-2-11 插座平面图

10.立面索引平面图

在模型空间放置A3图框，按快捷键CO复制"平面布置图"的视口放到图框内，更改图号、图名及比例，放置立面索引符号（图3-2-12）。

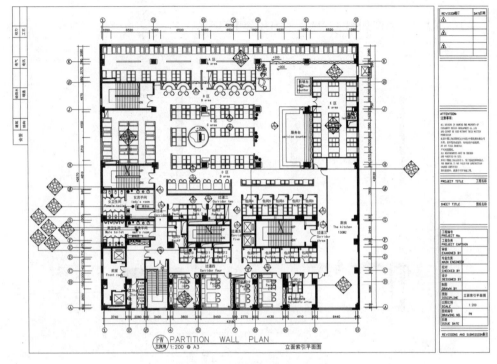

图 3-2-12　立面索引平面图

六、绘制空间立面图

在模型空间放置A3图框，更改图号、图名及比例进行绘制。

（1）根据现场实际尺寸，画出该立面的外框，若该立面有门窗应把门窗位置同时画出。

（2）根据天花图画出该立面相应位置的天花剖面（天花剖面需先根据天花图标高所示尺寸，按其结构利用直线、偏移、复制命令绘出）。

（3）根据立面设计定出墙体造型的外轮廓线。

（4）根据立面设计细化墙体造型的各部分内轮廓。

（5）根据立面造型所用材料填充相应图例（填充时注意调整填充比例，切忌填充过密，影响图纸清晰度）。

（6）在相应位置摆放灯具、家具、装饰品、植物等软装部分（多数软装都从图库直接复制，但有些特别的雕花图案需根据实际需要标出。注意从图库复制时检查软装图案尺寸与实际大小是否相符，若不相符，使用缩放命令进行缩放）。

（7）详细标注各部分尺寸（标注尺寸时可使用连续标注命令）。

（8）根据设计标注各部分所用材料。

（9）标注图名与比例。

（10）完成相应立面图绘制。

1.大厅、过道立面图

大厅、过道立面图如图3-2-13～图3-2-18所示。

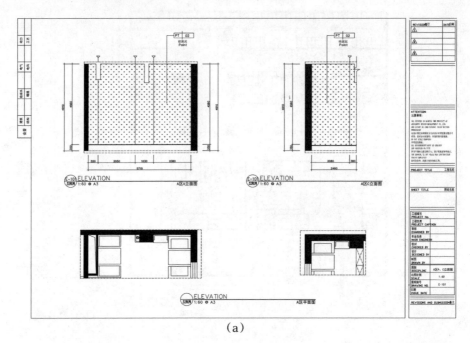

（a）

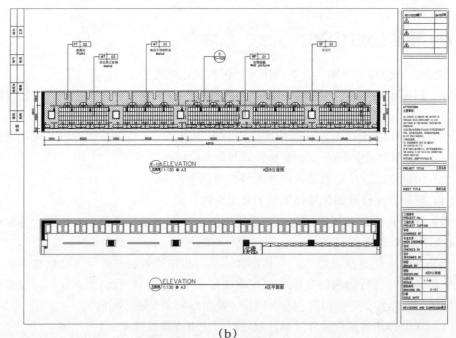

（b）

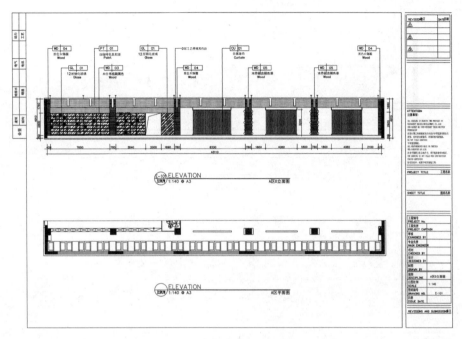

(c)

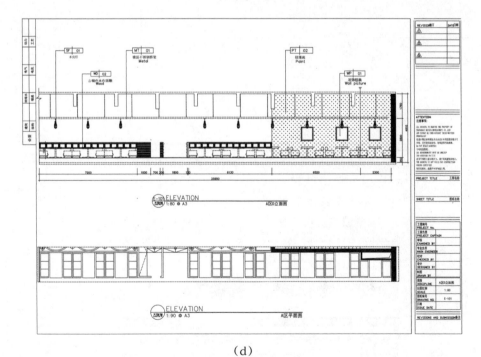

(d)

图3-2-13　A区立面图

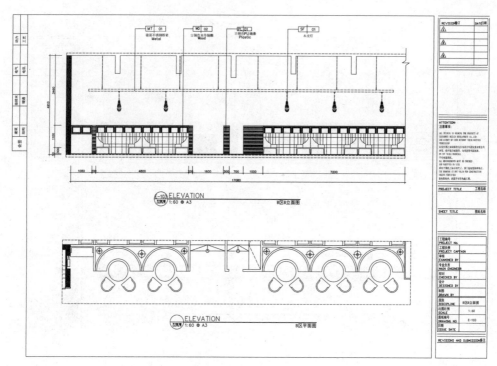

图3-2-14　B区立面图

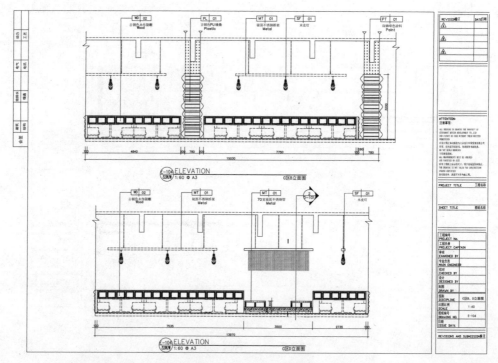

图3-2-15　C区立面图

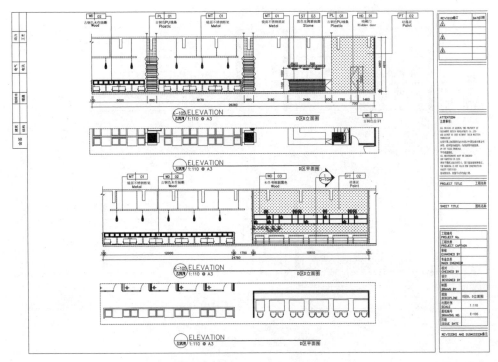

图3-2-16 D区立面图

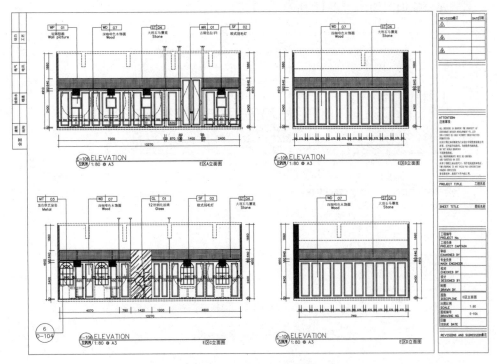

图3-2-17 E区立面图

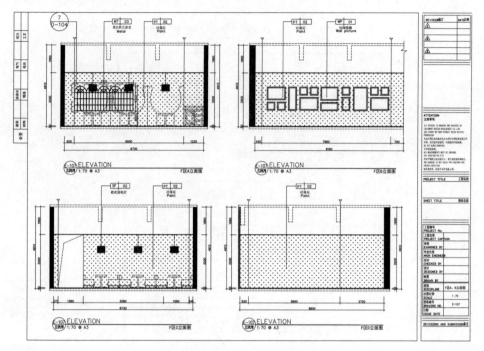

图3-2-18　F区立面图

2.景观走廊立面图

景观走廊立面图如图3-2-19所示。

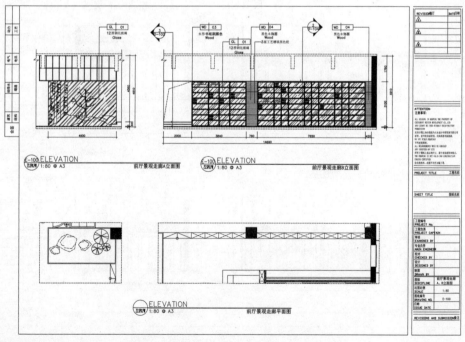

（a）

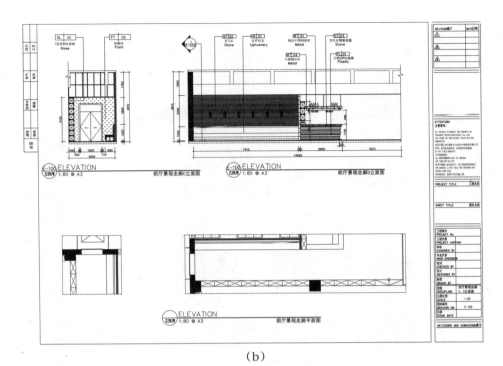

（b）

图3-2-19　景观走廊立面图

3.过道、服务区立面图

过道、服务区立面图如图3-2-20～图3-2-25所示。

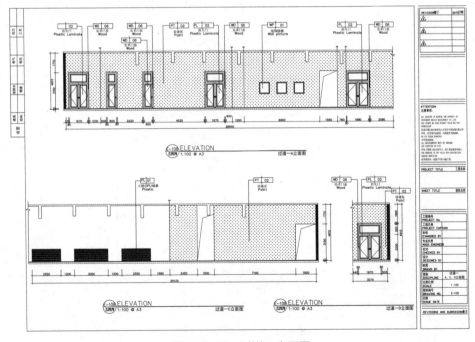

图3-2-20　过道一立面图

室内设计工程制图与识图

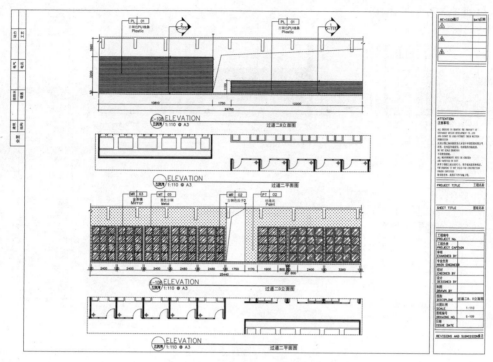

图3-2-21 过道二立面图

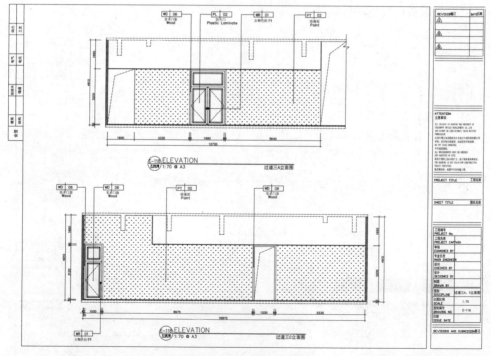

图3-2-22 过道三立面图

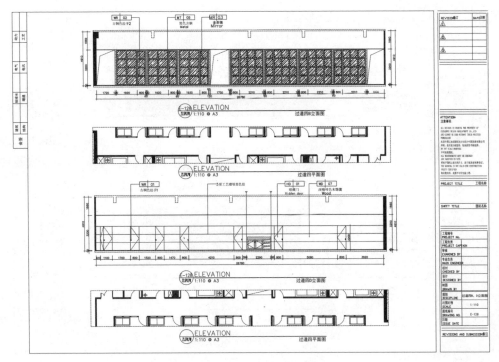

图3-2-23　过道四立面图

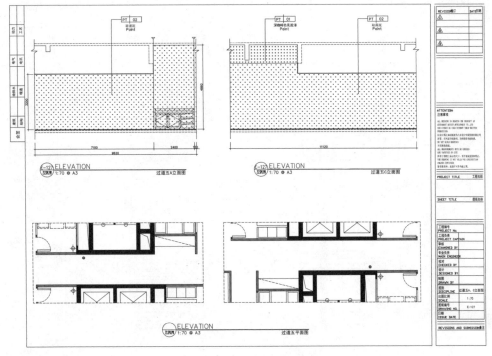

图3-2-24　过道五立面图

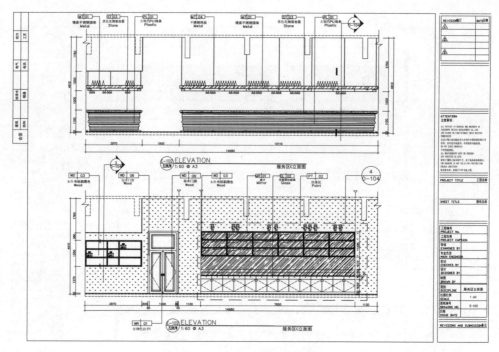

图3-2-25 服务区立面图

4.包间立面图

包间立面图如图3-2-26～图3-2-31所示。

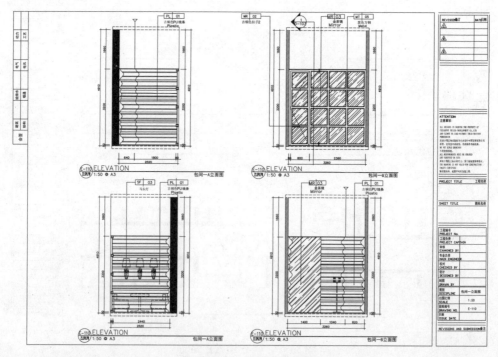

图3-2-26 包间一立面图

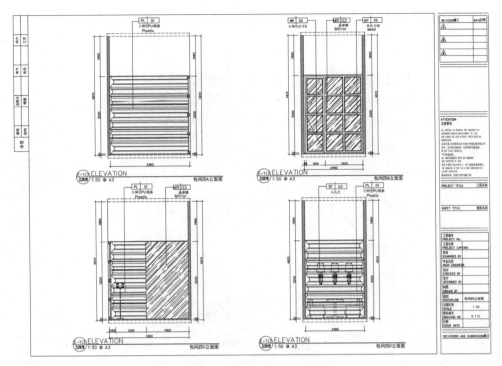

图 3-2-27　包间四立面图

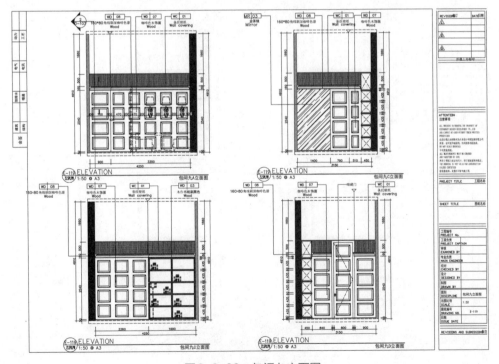

图 3-2-28　包间九立面图

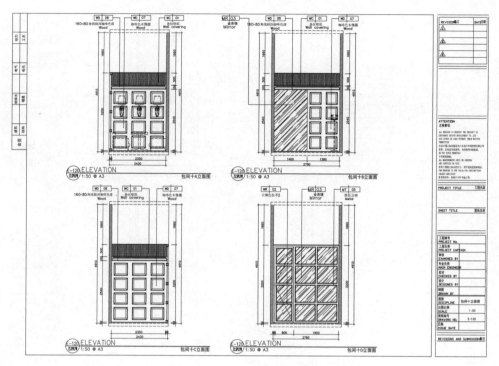

图3-2-29　包间十立面图

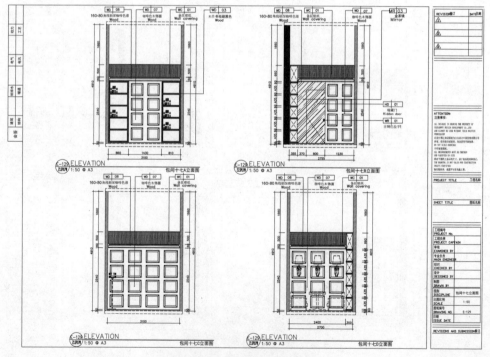

图3-2-30　包间十七立面图

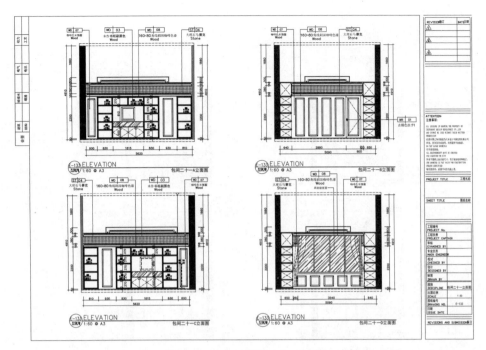

图 3-2-31　包间二十一立面图

5.洗手间、卫生间立面图

洗手间、卫生间立面图如图 3-2-32 所示。

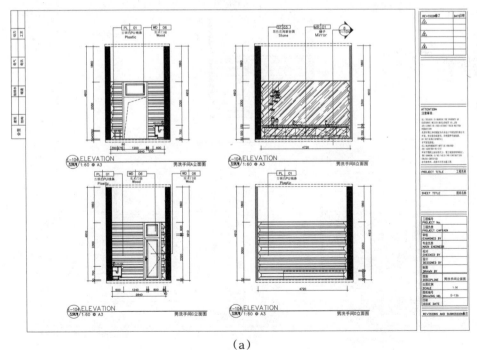

（a）

图 3-2-32

室内设计工程制图与识图

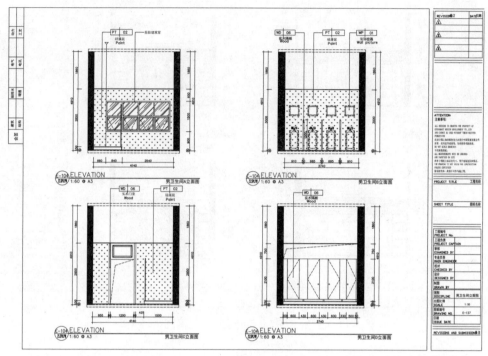

(b)

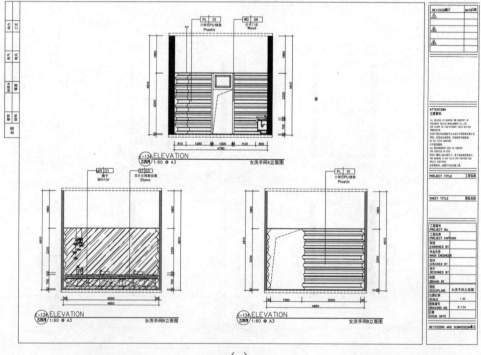

(c)

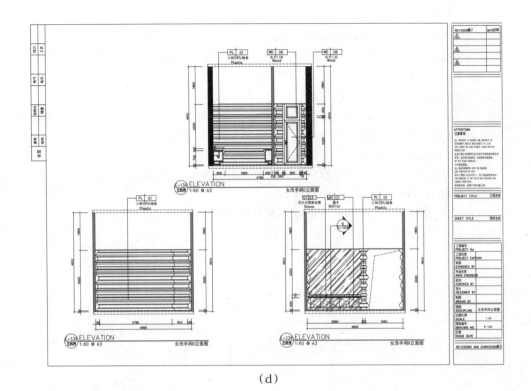

（d）

（e）

图3-2-32 洗手间、卫生间立面图

七、绘制空间详图

空间详图反映的是室内装饰墙体、天花、地面、家具等造型内部结构。

在模型空间放置A3图框，更改图号、图名及比例，然后进行绘制。

（1）选比例，定图幅，画出地面、楼板及墙面两端的定位轴线等。

（2）画出墙面的主要造型轮廓线。

（3）描粗并整理图线，建筑主体结构的梁、板、墙用粗实线；墙面主要造型轮廓线用中实线；次要的轮廓线如装饰线、浮雕图案等用细实线表示。

（4）画出墙面次要轮廓线、并编写文字说明。

（5）详细标注各部分尺寸（标注尺寸时可使用连续标注命令）。

（6）根据设计标注各部分所用材料。

（7）标注剖面符号、详图索引符号、图名与比例。

（8）完成图面绘制（图3-2-33～图3-2-44）。

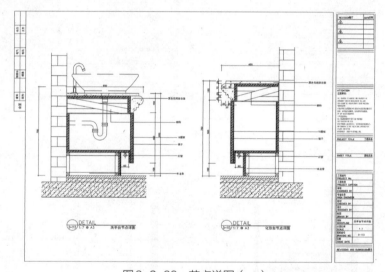

图3-2-33　节点详图（一）

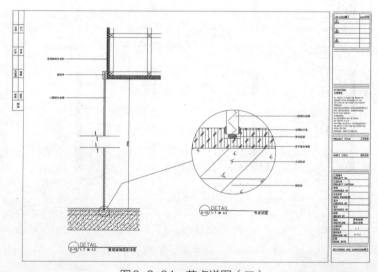

图3-2-34　节点详图（二）

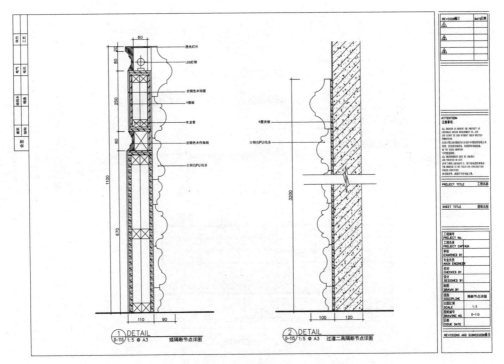

图3-2-35　节点详图（三）

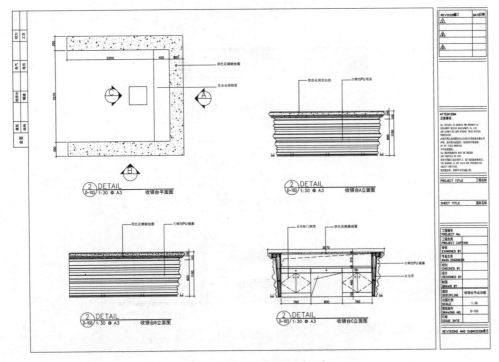

图3-2-36　节点详图（四）

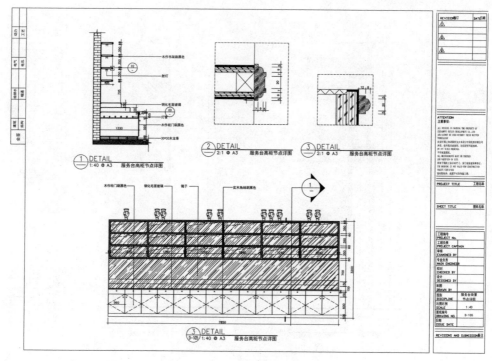

图3-2-37　节点详图（五）

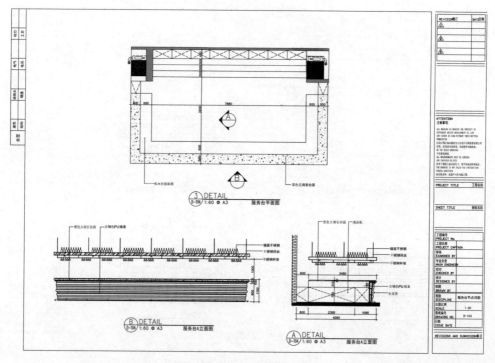

图3-2-38　节点详图（六）

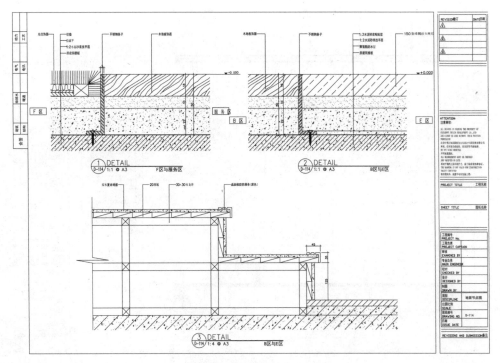

图 3-2-39　地面节点详图

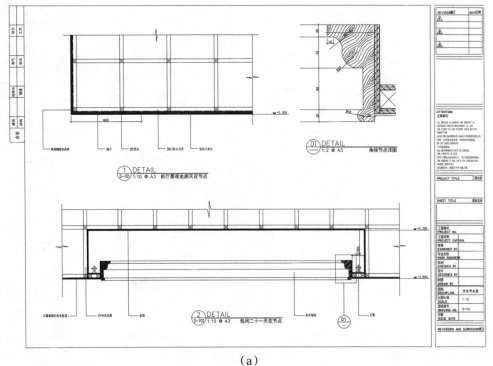

（a）

图 3-2-40

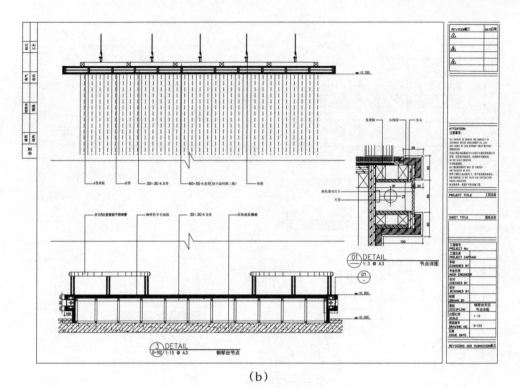

(b)

图3-2-40　天花节点详图

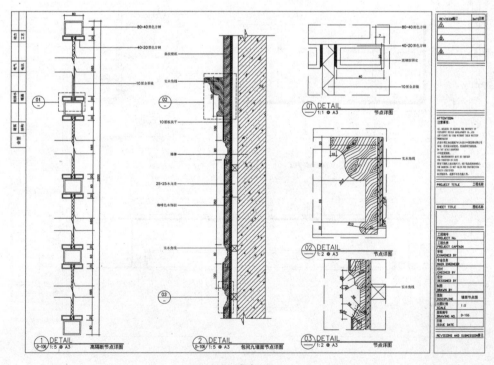

（a）

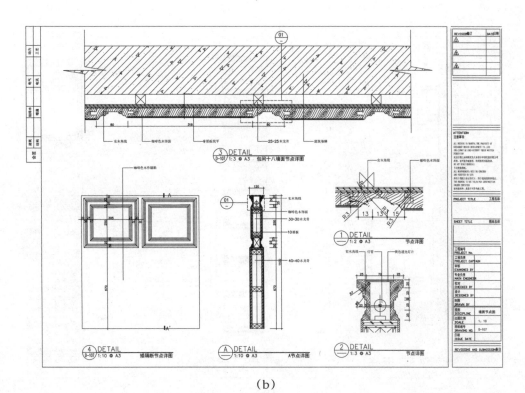

（b）

图3-2-41　墙面节点详图

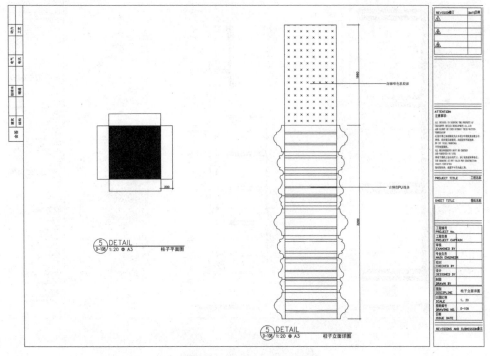

图3-2-42　柱子节点详图

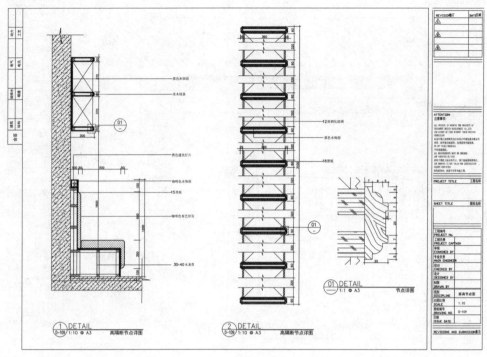

（a）

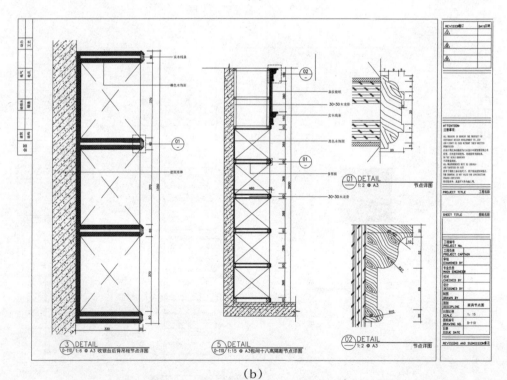

（b）

图3-2-43　家具节点详图

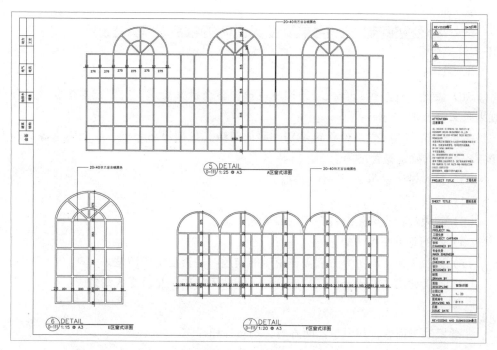

图3-2-44　窗式详图

八、西餐厅工程图设计实例抄绘

任务要求

（1）按照本项目中所讲的步骤和方法抄绘一遍。
（2）抄绘完毕按照图纸的序号给全部抄绘的图纸进行分类整理。
（3）抄绘过程中注意图纸的图框和线型比例使用的正确性。

项目三：办公空间工程图设计与制作实例

学习目标：

通过学习办公空间工程图的绘制，了解全套工程图的绘制方法，初步具备绘制成套工程图纸的能力。包括：绘制和编写办公空间施工图的封面、目录及设计总说明；绘制办公空间顶棚及地面铺装图；绘制办公空间插座平面图；绘制办公空间立面图及详图。

一、办公空间封面、目录及设计说明的绘制和编写要点

1. 设计说明

（1）设计文件是否符合批准的初步设计内容及批文要求。主要技术指标是否符合规划条文要求。

（2）建筑规模、性质、建筑类别、耐火等级、抗震设防烈度、屋面防水等级、人防工程等级的确定是否准确。

（3）材料做法说明是否交代清楚。

（4）门窗表是否交代清楚。

（5）防火设计说明是否符合相应的防火规范。

（6）图例是否交代清楚。

（7）涉及使用、施工等方面需作说明的问题，是否已交代清楚。

（8）有关建筑节能设计及采用新材料、新技术的情况是否交代清楚。

2. 封面

主要反映工程名称与甲、乙两方的公司名称和标志。

3. 目录

主要反映整套工程图中的每页内容（图名、图号、页数）。

二、任务要求

绘制和编写出封面、目录及设计总说明。

三、任务准备

设计图的准备可按上文中所提到的办公空间工程图设计说明编写要点查找工程项目中相关信息。

办公空间 CAD 工程图

四、任务实施

1. 绘制和编写办公空间工程图图纸封面

绘制和编写办公空间工程图图纸封面见图 3-3-1。

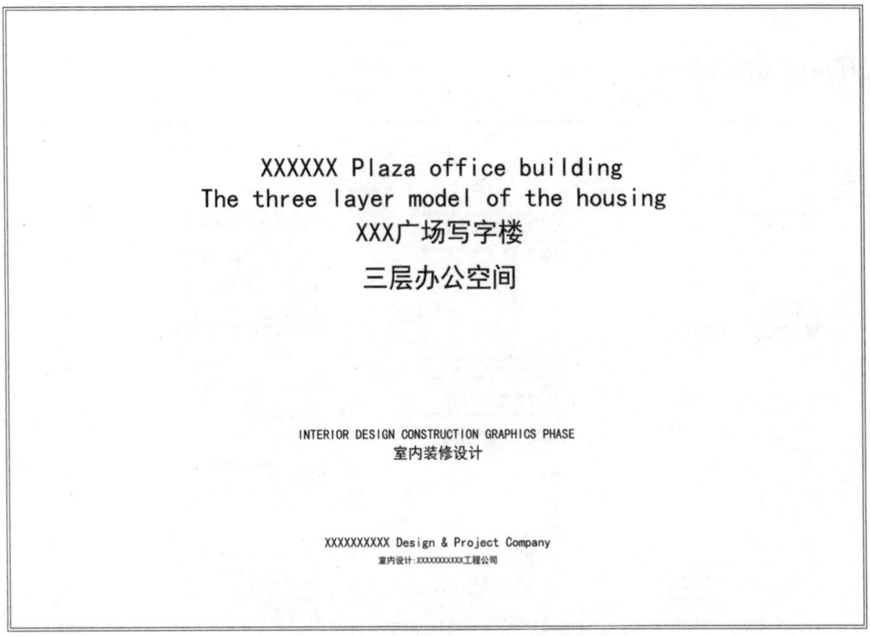
XXXXXX Plaza office building
The three layer model of the housing
XXX广场写字楼
三层办公空间
INTERIOR DESIGN CONSTRUCTION GRAPHICS PHASE
室内装修设计
XXXXXXXXXX Design & Project Company
室内设计:XXXXXXXXXXX工程公司

图3-3-1　办公空间工程图图纸封面

2.编写办公空间工程图图纸目录

编写办公空间工程图图纸目录见图3-3-2。

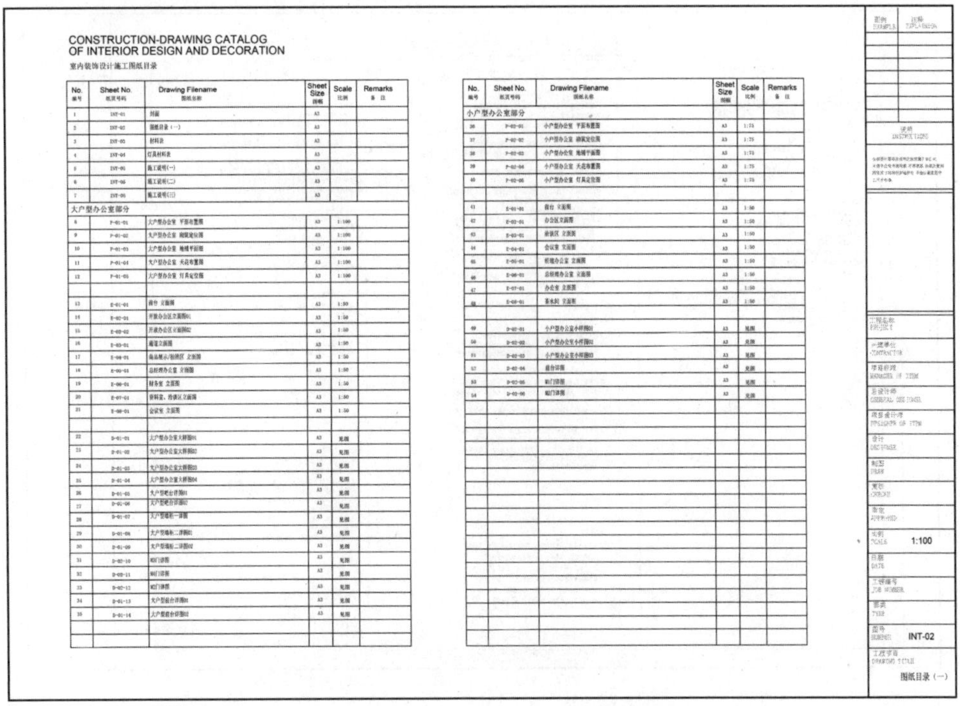

CONSTRUCTION-DRAWING CATALOG OF INTERIOR DESIGN AND DECORATION

室内装饰设计施工图纸目录

No. 编号	Sheet No. 纸页号码	Drawing Filename 图纸名称	Sheet Size 图幅	Scale 比例	Remarks 备注
1	INT-01	封面	A3		
2	INT-02	图纸目录（一）	A3		
3	INT-03	材料表	A3		
4	INT-04	灯具材料表	A3		
5	INT-05	施工说明(一)	A3		
6	INT-05	施工说明(二)	A3		
7	INT-06	施工说明(三)	A3		
大户型办公室部分					
8	P-01-01	大户型办公室 平面布置图	A3	1:100	
9	P-01-02	大户型办公室 墙体定位图	A3	1:100	
10	P-01-03	大户型办公室 地铺平面图	A3	1:100	
11	P-01-04	大户型办公室 天花布置图	A3	1:100	
12	P-01-05	大户型办公室 灯具定位图	A3	1:100	
13	E-01-01	前台 立面图	A3	1:50	
14	E-02-01	开放办公区立面图01	A3	1:50	
15	E-02-02	开放办公区立面图02	A3	1:50	
16	E-03-01	通道立面图	A3	1:50	
17	E-04-01	商品展示/洽谈区 立面图	A3	1:50	
18	E-05-01	总经理办公室 立面图	A3	1:50	
19	E-06-01	财务室 立面图	A3	1:50	
20	E-07-01	资料室、待谈区立面图	A3	1:50	
21	E-08-01	会议室 立面图	A3	1:50	
22	D-01-01	大户型办公室大样图01	A3	见图	
23	D-01-02	大户型办公室大样图02	A3	见图	
24	D-01-03	大户型办公室大样图03	A3	见图	
25	D-01-04	大户型办公室大样图04	A3	见图	
26	D-01-05	大户型吧台详图01	A3	见图	
27	D-01-06	大户型吧台详图02	A3	见图	
28	D-01-07	大户型墙柜一详图	A3	见图	
29	D-01-08	大户型墙柜二详图01	A3	见图	
30	D-01-09	大户型墙柜二详图02	A3	见图	
31	D-02-10	M3门详图	A3	见图	
32	D-02-11	M4门详图	A3	见图	
33	D-02-12	M2门详图	A3	见图	
34	D-01-13	大户型前台详图01	A3	见图	
35	D-01-14	大户型前台详图02	A3	见图	

No. 编号	Sheet No. 纸页号码	Drawing Filename 图纸名称	Sheet Size 图幅	Scale 比例	Remarks 备注
小户型办公室部分					
36	P-02-01	小户型办公室 平面布置图	A3	1:75	
37	P-02-02	小户型办公室 墙体定位图	A3	1:75	
38	P-02-03	小户型办公室 地铺平面图	A3	1:75	
39	P-02-04	小户型办公室 天花布置图	A3	1:75	
40	P-02-05	小户型办公室 灯具定位图	A3	1:75	
41	E-01-01	前台 立面图	A3	1:50	
42	E-02-01	办公区立面图	A3	1:50	
43	E-03-01	洽谈区 立面图	A3	1:50	
44	E-04-01	会议室 立面图	A3	1:50	
45	E-05-01	经理办公室 立面图	A3	1:50	
46	E-06-01	总经理办公室 立面图	A3	1:50	
47	E-07-01	办公室 立面图	A3	1:50	
48	E-08-01	茶水间 立面图	A3	1:50	
49	D-02-01	小户型办公室小样图01	A3	见图	
50	D-02-02	小户型办公室小样图02	A3	见图	
51	D-02-03	小户型办公室小样图03	A3	见图	
52	D-02-04	前台详图	A3	见图	
53	D-02-05	M1门详图	A3	见图	
54	D-02-06	M2门详图	A3	见图	

图例
注释
说明
工程名称
施工单位
项目经理
总设计师
项目设计师
设计
制图
复核
审定
比例 1:100
日期
工程编号
图类
图号 INT-02
工程项目
图纸目录（一）

图3-3-2　办公空间工程图图纸目录

3.设计说明

设计说明见图3-3-3。

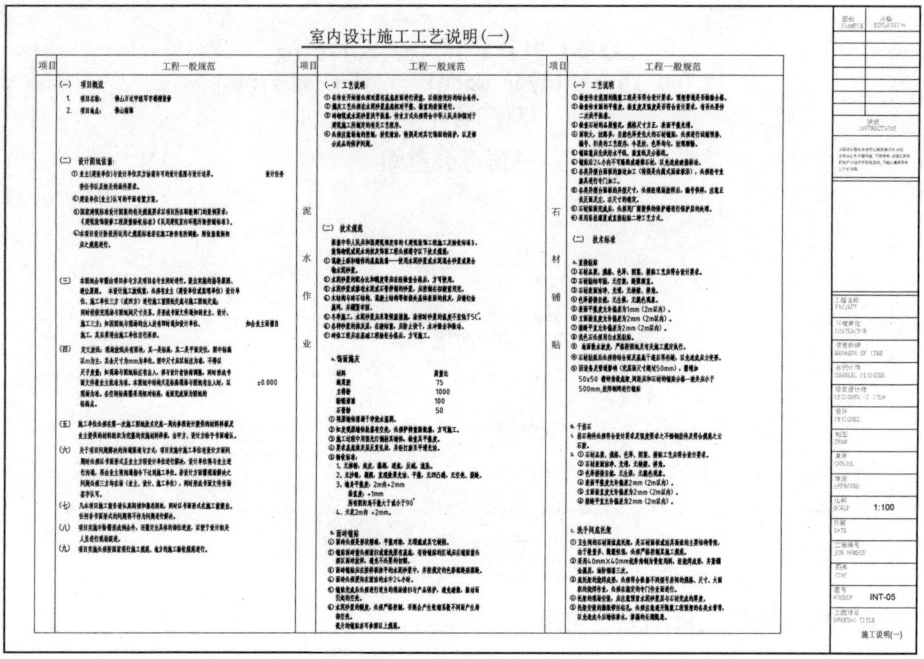
室内设计施工工艺说明(一)
项目
工程一般规范
泥水作业
石材铺贴
比例 1:100
图号 INT-05
施工说明(一)

(a)

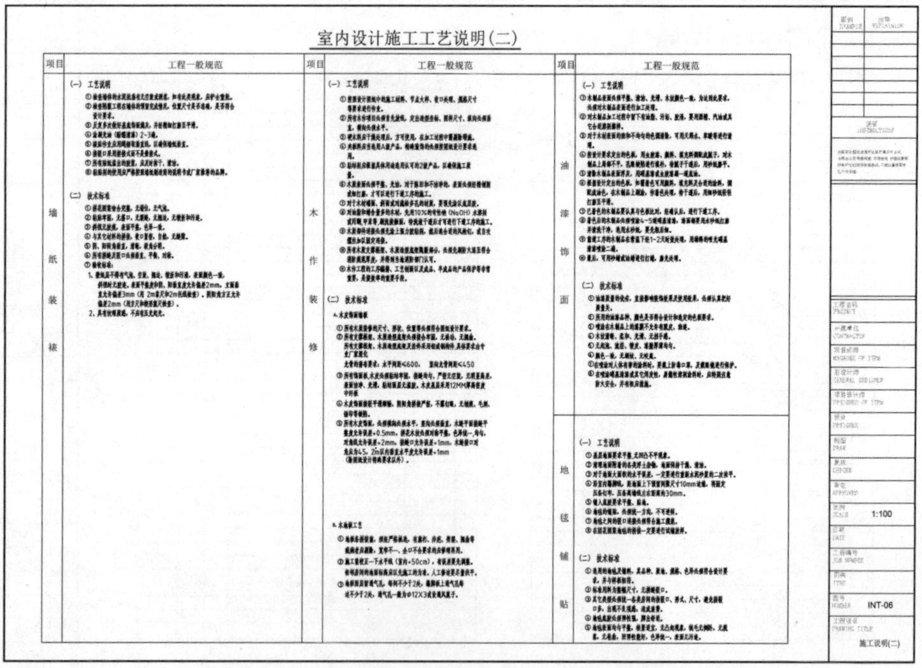
室内设计施工工艺说明(二)
项目
工程一般规范
墙纸装裱
木作装修
油漆饰面
地毯铺贴
比例 1:100
图号 INT-06
施工说明(二)

(b)

图3-3-3　办公空间装饰施工设计说明

4.材料表

材料表见图3-3-4。

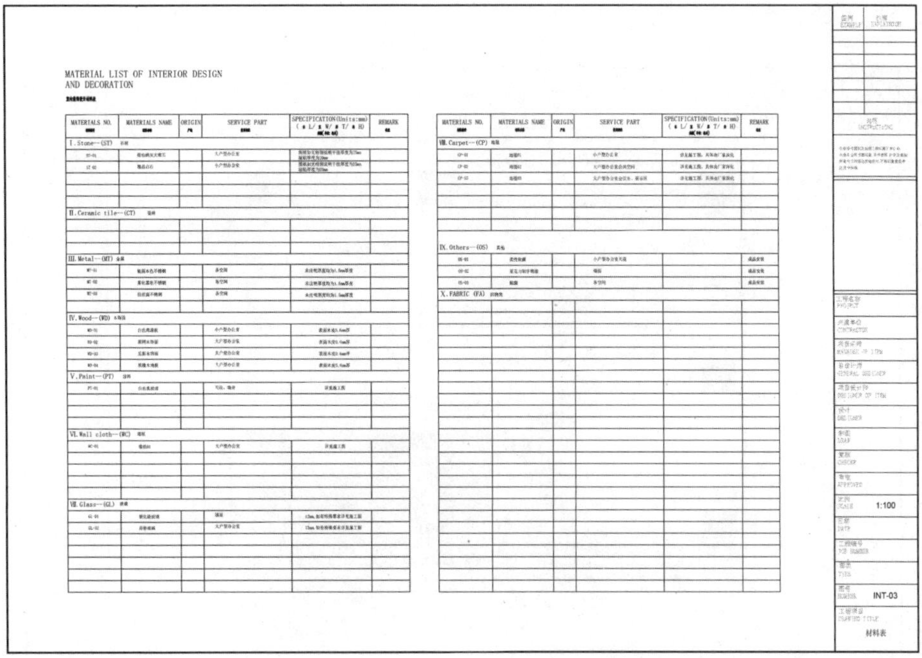

（a）

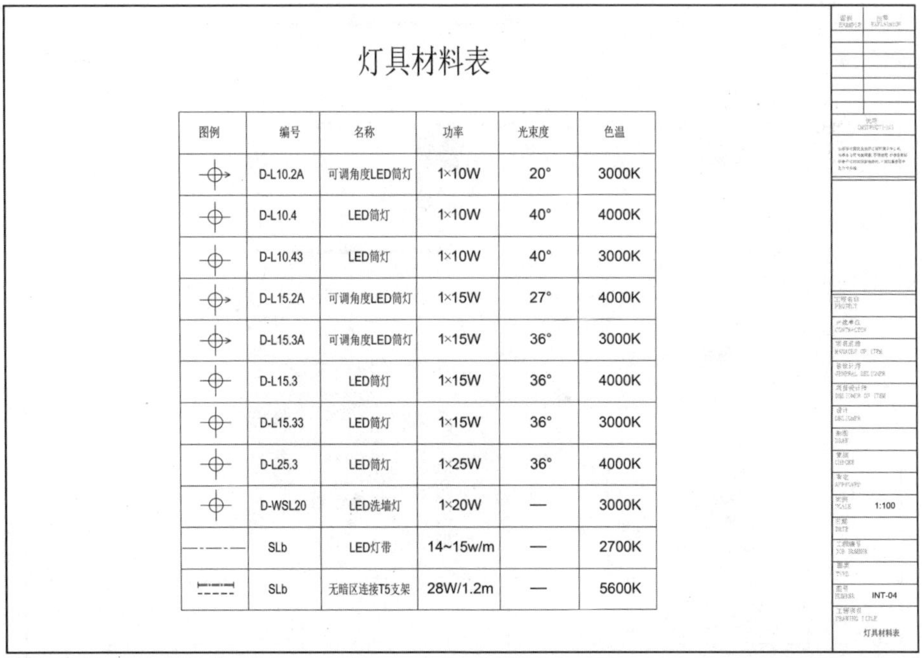

灯具材料表

图例	编号	名称	功率	光束度	色温
	D-L10.2A	可调角度LED筒灯	1×10W	20°	3000K
	D-L10.4	LED筒灯	1×10W	40°	4000K
	D-L10.43	LED筒灯	1×10W	40°	3000K
	D-L15.2A	可调角度LED筒灯	1×15W	27°	4000K
	D-L15.3A	可调角度LED筒灯	1×15W	36°	3000K
	D-L15.3	LED筒灯	1×15W	36°	4000K
	D-L15.33	LED筒灯	1×15W	36°	3000K
	D-L25.3	LED筒灯	1×25W	36°	4000K
	D-WSL20	LED洗墙灯	1×20W	—	3000K
	SLb	LED灯带	14~15w/m	—	2700K
	SLb	无暗区连接T5支架	28W/1.2m	—	5600K

（b）

图3-3-4　材料表

五、绘制空间平面图

在模型空间放置A3图框，将相应图纸放到图框内，更改图号、图名及比例，进行办公空间系统平面图的绘制（图3-3-5）。

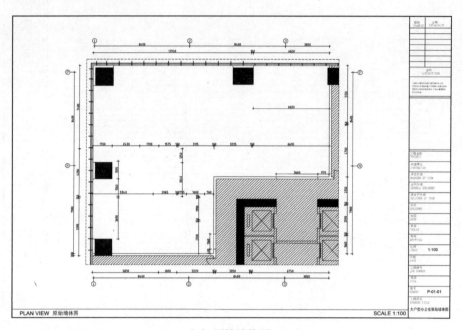

（a）原始墙体图

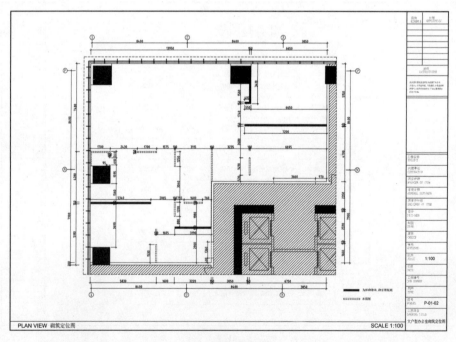

（b）墙体定位图

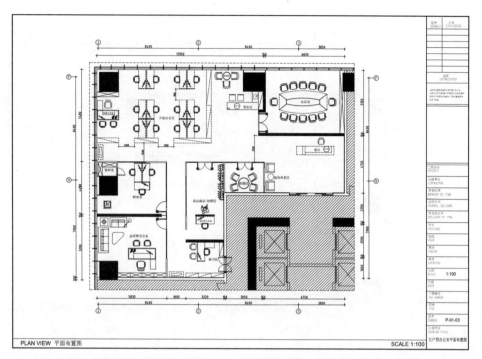

（c）平面布置图

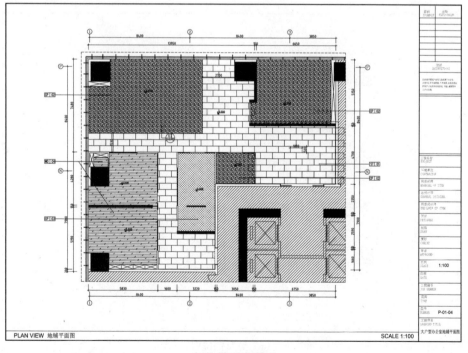

（d）地面平面图

图3-3-5

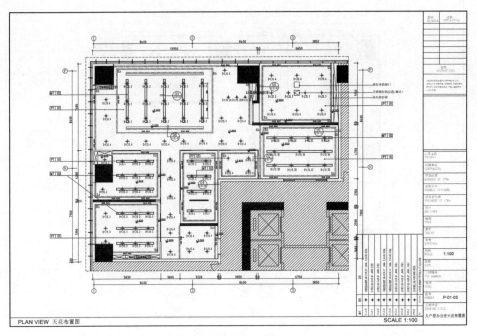

（e）天花布置图

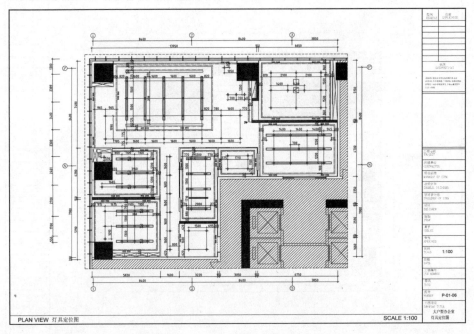

（f）灯具定位图

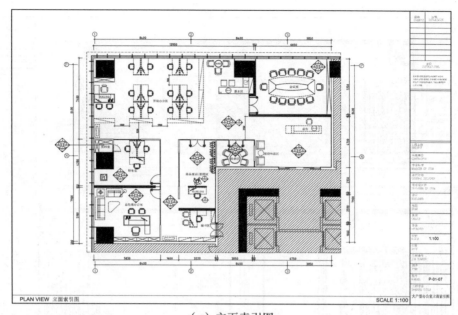

（g）立面索引图

图3-3-5 办公空间平面图

六、绘制空间立面图

在模型空间放置A3图框，将相应图纸放到图框内，更改图号、图名及比例，进行办公空间立面图的绘制（图3-3-6 ～图3-3-13）。

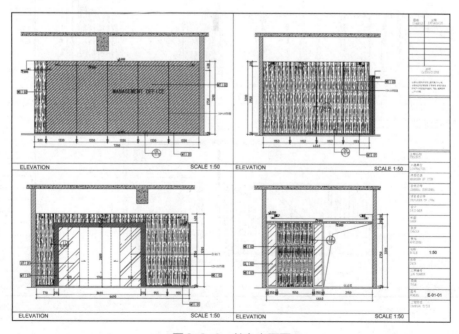

图3-3-6 前台立面图

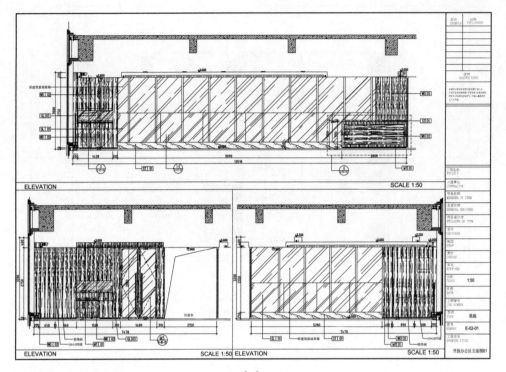

（a）

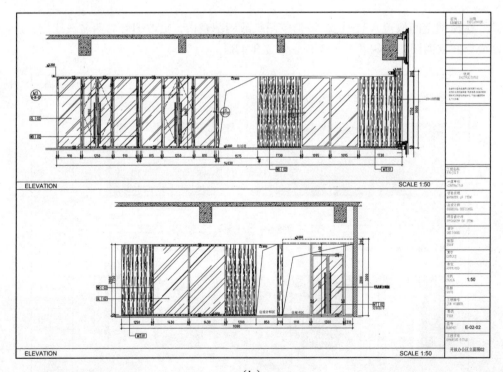

（b）

图3-3-7　开放办公区立面图

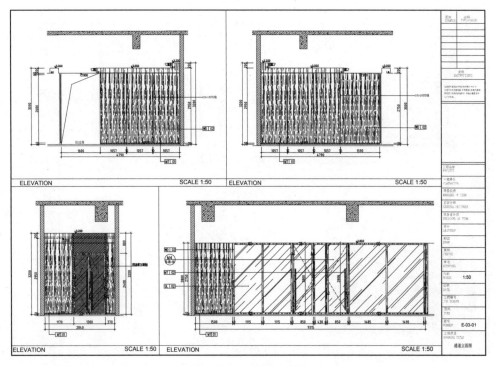

图3-3-8　通道立面图

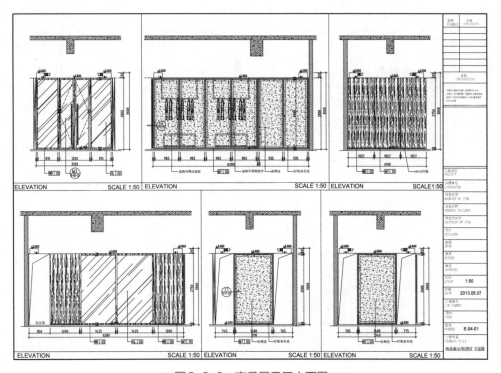

图3-3-9　商品展示区立面图

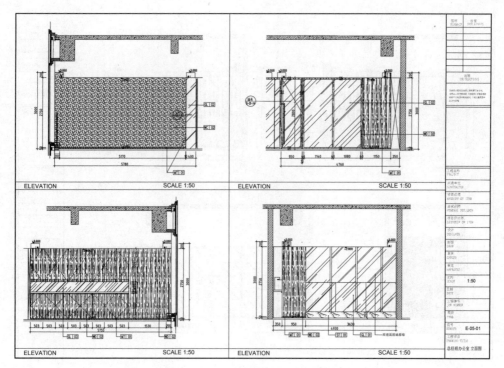

图3-3-10　总经理办公室立面图

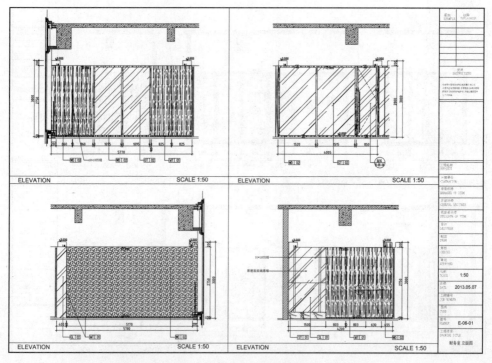

图3-3-11　财务室立面图

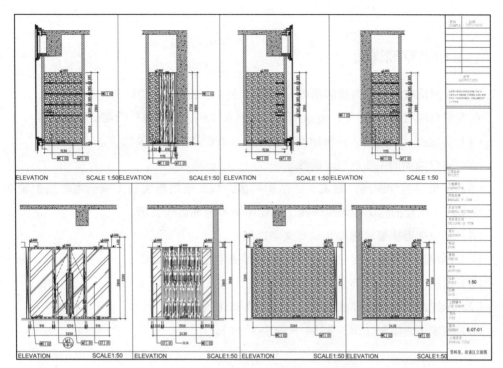

图3-3-12 资料室、洽谈室立面图

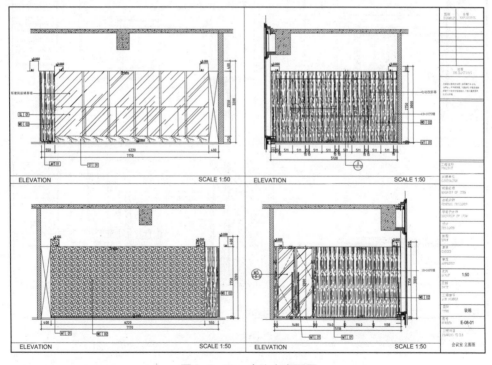

图3-3-13 会议室立面图

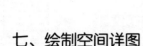

七、绘制空间详图

空间详图反映的是室内装饰墙体、天花、地面、家具等造型内部结构。

在模型空间放置A3图框，更改图号、图名及比例，然后进行绘制。

（1）选比例，定图幅，画出地面、楼板及墙面两端的定位轴线等。

（2）画出墙面的主要造型轮廓线。

（3）描粗并整理图线，建筑主体结构的梁、板、墙用粗实线；墙面主要造型轮廓线用中实线；次要的轮廓线如装饰线、浮雕图案等用细实线表示。

（4）画出墙面次要轮廓线并编写文字说明。

（5）详细标注各部分尺寸（标注尺寸时可使用连续标注命令）。

（6）根据设计标注各部分所用材料。

（7）标注剖面符号、详图索引符号、图名与比例。

（8）完成图面绘制（图3-3-14～图3-3-21）。

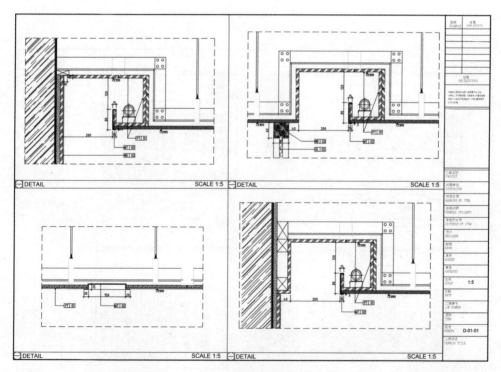

（a）

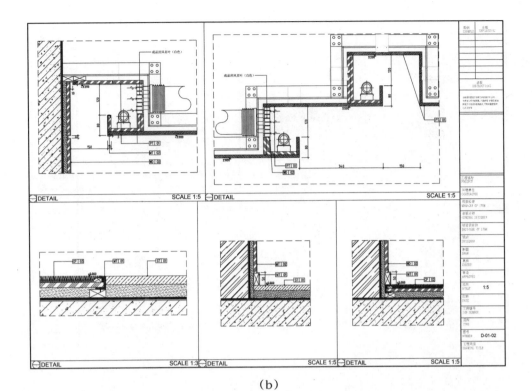

（b）

（c）

图3-3-14

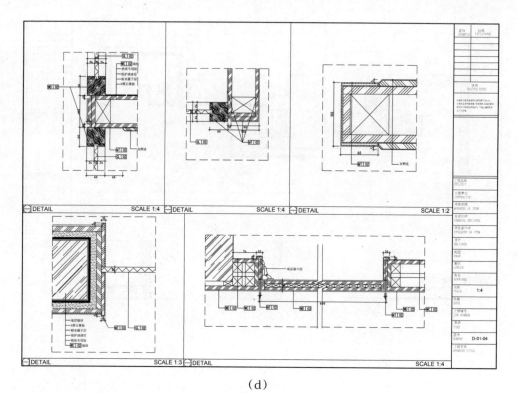

（d）

图3-3-14　办公室详图

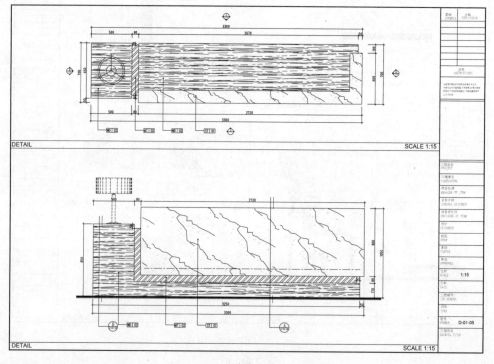

（a）

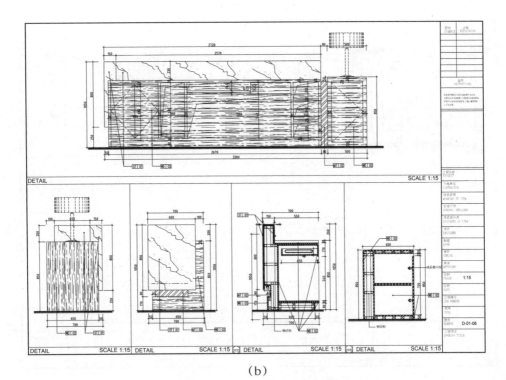

图3-3-15　大户型前台详图

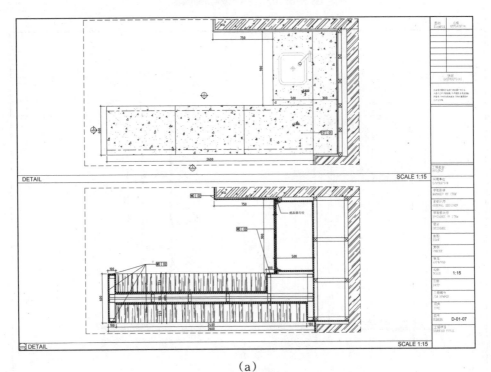

（a）

图3-3-16

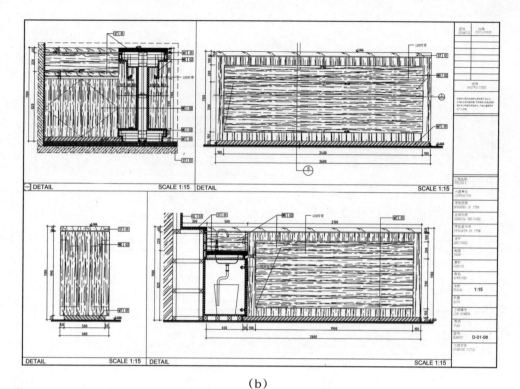

（b）

图3-3-16　大户型吧台详图

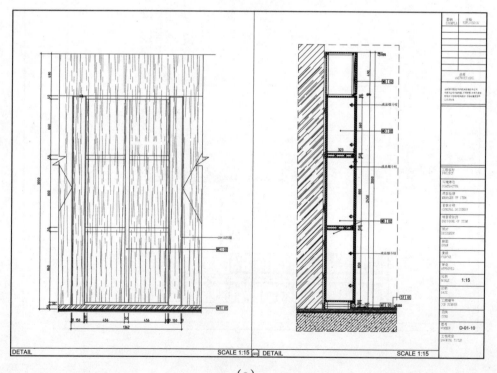

（a）

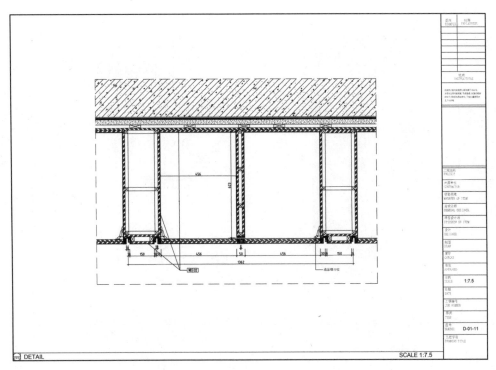

（b）

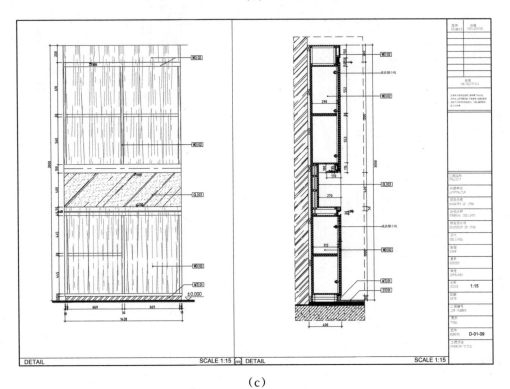

（c）

图3-3-17　大户型墙柜详图

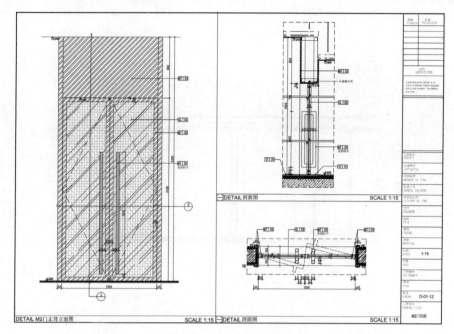

图3-3-18　M2门详图

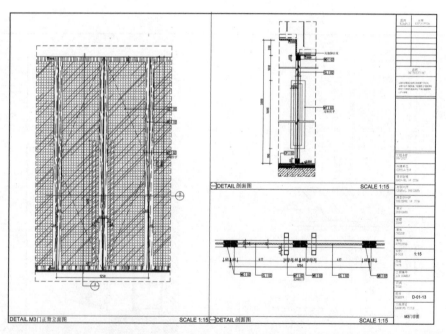

图3-3-19　M3门详图

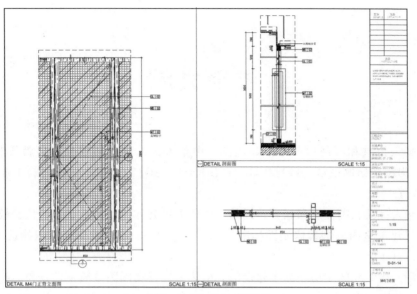

图3-3-20　M4门详图

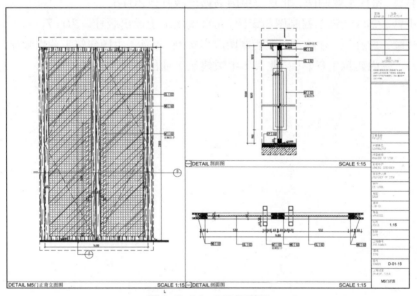

图3-3-21　M5门详图

八、办公空间工程图设计实例抄绘

任务要求

（1）按照本项目中所讲的步骤和方法抄绘一遍。

（2）抄绘完毕按照图纸的序号给全部抄绘的图纸进行分类整理。

（3）抄绘过程中注意图纸的图框和线型比例使用的正确性。

参考文献

[1] 中华人民共和国住房和城乡建设部，中华人民共和国国家质量监督检验检疫总局.房屋建筑制图统一标准：GB/T 50001—2017.北京：中国建筑工业出版社，2017.

[2] 中华人民共和国住房和城乡建设部，中华人民共和国国家质量监督检验检疫总局.房屋建筑室内装饰装修制图标准：JGJ/T 244—2011.北京：中国建筑工业出版社，2011.

[3] 中华人民共和国住房和城乡建设部，中华人民共和国国家质量监督检验检疫总局.总图制图标准：GB/T 50103—2010.北京：中国建筑工业出版社，2010.

[4] 胡蓉蓉.室内工程制图.北京：中国书籍出版社，2015.

[5] 陈小青.室内装饰工程制图与识图.北京：化学工业出版社，2017.

[6] 张传毓，郭祥意.建筑室内工程制图应用实例.北京：中国建筑工业出版社，2016.

[7] 叶铮.室内建筑工程制图.北京：中国建筑工业出版社，2018.